Osprey Aviation Elite

Luftwaffe Schlachtgruppen

John Weal

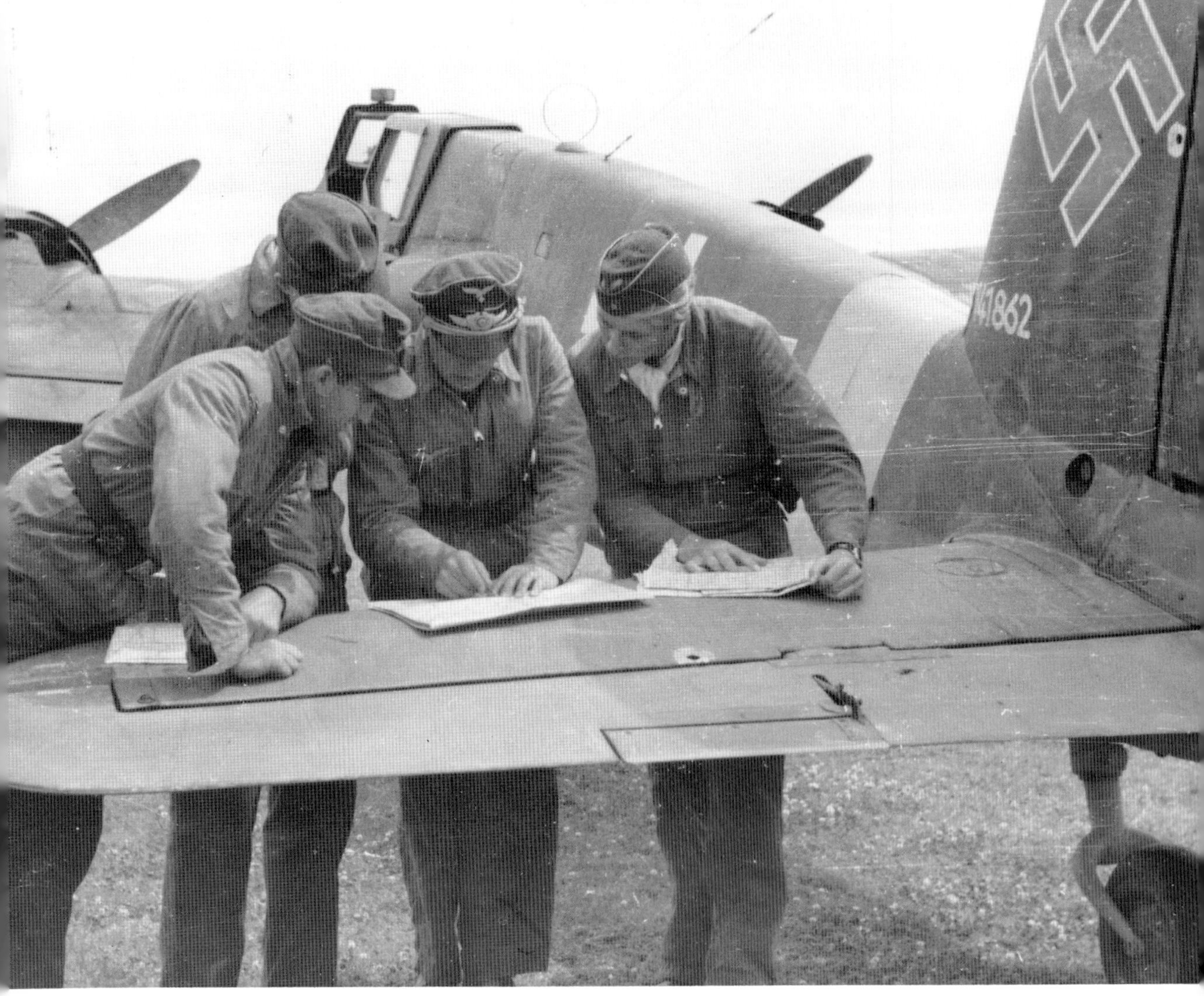
41862

Osprey Aviation Elite

オスプレイ軍用機シリーズ
43

ドイツ空軍
地上攻撃飛行隊

[著者]
ジョン・ウィール
[訳者]
阿部孝一郎

大日本絵画

カバー・イラスト/マーク・ポーストレスウェイト
カラー塗装図/ジョン・ウィール

カバー・イラスト解説
わずか2年前、ドイツ空軍地上攻撃飛行隊はロシアの広大な森や草原で赤軍を探し出すため、遠くまで広範囲を飛び回っていた。だが、1945年春までに彼らの残存兵力は今や祖国の廃墟と化した都市や町に潜む敵を捜し求めざるを得なかった。マーク・ポーストレスウェイトの筆による表紙画は、ベルリンの戦いの最終局面で発生した出来事を完璧にとらえている。遠方に浮かび上がる見間違うことなきブランデンブルク門の輪郭を背景に、すでに撃破されて炎上したソ連軍のT-34戦車が眼下の道路に遺棄されており、第1地上攻撃航空団第Ⅱ飛行隊のパイロットは低空に降下し、ほかの目標に向けて残りのパンツァーブリッツ・ロケット弾を連射している。ここに描かれたような彼らの首都心臓部の上空での飛行任務は、出版物で採りあげる機会が少ないドイツ空軍地上攻撃隊の最後の出撃であり、部隊名称がどうあれ、彼らは第二次世界大戦の開戦日以来ほぼ連続して出撃し続けたのである。

裏表紙の写真
微笑みを浮かべた第1地上攻撃航空団第Ⅰ飛行隊長アルフレート・ドルシェル大尉は、地上攻撃任務に600回以上も出撃した功で1942年9月3日に授与された、柏葉騎士鉄十字章を佩用している。

凡例
■ドイツ空軍(Luftwaffe)の主な部隊組織についての訳語は以下のとおりである。
Luftflotte→航空艦隊
Geschwader→航空団
Gruppe→飛行隊
Staffel→中隊
ドイツ空軍は航空団に機種または任務別の呼称をつけており、Schlachtgeschwaderの邦語訳は「地上攻撃航空団」とした。また、必要に応じて略称を用いた。このほかの航空団、飛行隊についても適宜、邦語訳を与え、必要に応じて略称を用いた。また、ドイツ空軍では飛行隊番号にはローマ数字、中隊番号にはアラビア数字を用いており、本書もこれにならっている。
例:Schlachtgeschwader 1（SchlGと略称）→第1地上攻撃航空団
　　Ⅰ./SchlG1→（第1地上攻撃航空団）第Ⅰ飛行隊
　　1./SchlG1→（第1地上攻撃航空団）第1中隊
■搭載火器について、ドイツ軍は口径20mmまでを機関銃(MG)、それより口径の大きなものを機関砲(MK)と呼んだが、本書では便宜上、20mm以上を機関砲と表記した。
■訳者注、日本語版編集部注は[　]内に記した。

翻訳にあたっては「Osprey Aviation Elite　Luftwaffe Schlachtgruppen」の2003年に刊行された版を底本としました。[編集部]

目次 contents

6 1章 始まり
in the beginning

17 2章 電撃戦
blitzkrieg

31 3章 東部戦線1941-43
eastern front 1941-43

59 4章 地中海の太陽とロシアの月
mediterranean sun, russian moon

80 5章 新体制
the new order

92 6章 敗走
retreat on all fronts

119 付録
appendices
119　歴代司令官
120　褒章と達成戦果
121　東部戦線の戦闘序列－1944年6月
123　組織表－1945年5月

68 カラー塗装図
colour plates
124　カラー塗装図 解説

chapter 1
始まり
in the beginning

　ドイツが地上攻撃に専念する軍用機、つまり戦場で陸軍を支援するため特別に設計し運用する軍用機を使い始めたのは、第一次世界大戦後半の時期まで遡る。1918年11月の停戦までに帝政ドイツ空軍(Luftstreitkräfte)は38個以上の地上攻撃中隊を擁し、総計約250機を指揮下に置いていた。
　しかし、大戦終結後に締結されたヴェルサイユ条約でわずか2つの条項が、航空機を使った地上攻撃技術に関するドイツ最初の先駆的試みに終止符を打った。第198条は陸上を基地とする、あるいは海軍航空を問わず空軍の保有をはっきりと禁じていた。そして第202条では、現有の全軍用機は連合軍に引き渡さなければならない、と明記していた。
　驚くほどのことではないが、ヴェルサイユ条約の条項に当事国の双方が異なった見解をとった。そしてドイツの世論はそれらを過酷で抑圧的と見なした。この事実は戦後のドイツで多くの反政府政治家、なかでもアードルフ・ヒットラーに少なからず利用された。彼は権力を掌握する過程であらゆる機会を捉えて、時の権力者を「非道なヴェルサイユ条約の権威にへつらう輩ども」と批判した。ところが、ヒットラーが1933年1月にドイツ国宰相に指名される遙か以前から、連合国のあらゆる要求に卑屈なまでに応じていると彼が告発した当の政権ヴァイマール政府が、すでに新生ドイツ空軍を創設するための基礎を秘密裏に整えていた。
　当初、彼らの計画は基本的な偵察機、爆撃機、戦闘機の3機種以外には拡大しなかった。しかし、元第一次大戦の戦闘機エースから曲技飛行を演じる職業パイロットに転じたエルンスト・ウーデットが、1931年にカーチス・ホークⅡ複葉機と、目標を正確に狙うため急降下しながら爆弾を投下するその驚くべき能力に関する話を携えて米国旅行から戻ると、このアメリカ機を2機購入する資金が用意された。それらは表向きには向こう見ずな曲技飛行の見せ物でウーデット自身が使うことがはっきりしていた。しかし、彼に引き渡される前に2機とも軍による徹底的な試験を実施された。
　多分、ウーデットの本物の熱狂が、急降下爆撃機という概念に対して軍が以前にもっていたあいまいな関心を、再びかき立てることになった。大日本帝国海軍が提示した仕様に基づき1931年にハインケル社が製作した機体の展示飛行にも、国防省(Reichswehrministerium)から派遣された係官が出席した。その複座急降下爆撃機He50はアメリカのホークⅡよりかなり重く大きな機体だった。
　それでも1933年に、まだ秘密だったドイツ国空軍(Reichsluftwaffe)向けにHe50A 60機が量産された。だが、ドイツ最初の急降下爆撃機の試みはまったくの失敗だった。そのため、まだ十分に発展していなかった空軍の実働部隊(デベリッツ飛行隊とシュヴェーリン飛行隊)でわずか数カ月だけ運用さ

れたあとで、He50は飛行訓練学校に移籍された。しかしそれは、第二次大戦後半に東部戦線で夜間地上攻撃機というまったく新たな用途に使われ、息を吹き返すことになる。

　He50の最後の機体が引き渡される前に、創設が決まったばかりの強力な急降下爆撃機隊に装備させるべき代替機種を国防省は探し求めていた。選ばれた機体がヘンシェルHs123である。ヘンシェル社が航空分野に進出したのは比較的新しいことだったが、重工業分野では長い歴史をもっており、100年近く蒸気機関車の主要製造会社であり、1900年代初めからは重貨物用車両も製造していた。

　製造会社の航空分野に関する経験不足にも関わらず、重量と寸法についてはウーデットのホークⅡにきわめて近かった。性能もまた多くの点で直接比較に値した。たとえば最高速度はそのアメリカ機よりわずか6kmほどだが速く、レヒリン試験場での徹底した試験は確かな配当をもたらした。

　愛嬌とその当時としては美しさすら感じられる外観だけでなく、整流カバーで覆われた降着装置と上下で翼幅が異なる主翼間に1本ずつの支柱を配したHs123は、文字通りの意味で隠れた「頑丈さ」も有していた。多分、ヘンシェル社の重工業分野の蓄積によると思われるが、「123（アインス=ツヴァイ=ドライ）」の強くて頑丈な構造は、第二次大戦で広く知られるようになる。それは戦闘で被ったぞっとするほどの損害さえも受け止めて、パイロットを安全に帰還させた。

　しかし、その分野で卓越さが証明される任務に乗り出す前に、Hs123はほかに2つのあまり知られてないあだ名を奉られることになる……そしてある重要な事項に関して、重大な能力欠如が判明する。

当初意図した、ドイツ空軍初の急降下爆撃機という用途には適さなかったが、ハインケルHe50はのちに夜間地上攻撃機として存分に活躍した。この機体「3W＋NP／黄色の1」は、1943年から44年にかけての冬に第11夜間地上攻撃飛行隊に属して活発に出撃した。

1937年春にスペインに送られたHs123の第二陣3機のうち1機、「24●5」には中央翼間支柱の下方にVJ/88の「悪魔の顔」を象った部隊マークが記入されている。

VJ/88はハインリヒ・「ルビオ」・ブリュッカーが率いた。この写真は第二次大戦当時の撮影で、1941年6月24日に急降下爆撃機パイロットとして100回以上の出撃を重ねた功により受勲した、騎士鉄十字章を佩用している。

スペイン

　1935年4月1日に初飛行したHs123は、翌年夏にドイツ空軍（Luftwaffe）への配備が始まった。このときまでにアードルフ・ヒットラーはドイツ国宰相と大統領を合体させた、自己流の呼び方で「総統」（Führer）つまりドイツ国最高指導者の座に就いた。そして、ヒットラーは拡張するドイツの軍事力を隠さずに、ヨーロッパにおける彼の政治的野心と地位向上のために誇示し、誇張さえする方を選択した。しかし、1918年の崩壊以来戦力が大幅に縮小したもののなんとか存続した陸軍や海軍とは異なり、空軍はまったく新しく、その戦力は未知数だった。

　同じ1936年夏にスペイン内戦が勃発したことは、ヒットラーに新しい空軍の兵員の気概と保有機を実戦下で試す理想的な機会を提供した。彼はほとんど時間を無駄にせず、義勇兵の最初の部隊——やがてコンドル軍団に発展する——を派遣し、すぐに反乱軍であるフランシスコ・フランコ将軍に率いられたスペイン・ナショナリスト軍の側に立って戦った。

　スペインへ最初に送られた軍用機のなかに初期型Hs123 3機が含まれていた。それらは1936年秋に到着し、VJ/88——軍団のその当時はまだ試験的だった戦闘機部隊——の急降下爆撃分隊を構成した。ハインリヒ・「ルビオ」・ブリュッカー少尉が指揮するヘンシェル3機の初陣は、1937年1月のナショナリスト軍のマルガに対する攻勢の支援だった。それから彼らは北方に移動し、ビスケー湾岸のスペイン側にある都市、ビルバオ周辺のいわゆる「鉄の輪」防衛陣の攻略に参加した。

　しかし、Hs123は急降下爆撃機としては遺憾な点が多々あることがすぐに明かされ、ブリュッカーと部下のパイロットたちは、6年前にアメリカにおけるホークIIの展示飛行でエルンスト・ウーデットが強く印象づけられた、高精度爆撃の基準に到達できなかった。その理由はここにきてようやく判明したが、急降下中にヘンシェルが十分な安定性を保持できないことにあった。

　そこで、軍団の参謀長を務める男爵ヴォルフラム・フォン・リヒトホーフェン中佐（第一次大戦で有名な、伝説的ともいえる男爵マンフレート・フォン・リヒトホーフェンの従兄弟）は、ブリュッカーの小さな部隊を地上攻撃任務に使うことを決めた。そして、その分野では彼らはきわめて成功することになる。

　1937年春にさらに3機のHs123がスペインに到着し、今や「ルビオ」・ブリュッカーの6機兵力は、20年近く前にラトヴィアの「アカ」[共産主義者に対する蔑称]に対し実施したのが最後だった、低空地上攻撃の戦術を再創造し、完成させる仕事に取りかかった。やがて、敵の部隊と陣地のわずか数m上空を唸り声をあげて飛ぶヘンシェルの「恐ろしい騒音を聞いただけで」、敵は十分にパニックと混乱に陥り、ときには飛行中の騒音を聞いただけでそうなる、とブリュッカーの部下のパイロットたちは報告した。それは第二次大戦劈頭の数カ月間に大いに効果をあげることになる戦術だった。

　ヘンシェルのもって生まれた頑丈さにも関わらず、初期の「試験的」出撃で

部隊は大きな犠牲を払い、1937年夏までに保有機のうち4機をさまざまな理由で失った。そのため残った2機は翌年にスペインの混成飛行隊に引き渡された。コンドル軍団で運用されていた間にHs123は、どういうわけか「トイフェルスケプフェ」(ドイツ語で悪魔の頭、という意味)というあだ名をつけられた。奇妙なことに、スペイン・ナショナリスト空軍に移管後——その後に改良されたB-1型をさらに12機追加される——、ヘンシェルは「アンヘリートス」(スペイン語で小さな天使、という意味)というあだ名までつけられた!

　製造を終了する1937年4月までに、Hs123A-1、B-1を合わせて250機以上が量産された。スペインに送られた18機以外は、大部分がドイツ本土に在り空軍の急速拡張中だった急降下爆撃隊を構成する急降下爆撃飛行隊に配備された。本国での運用ではHs123の実戦上の欠点はさほど目立たなかった。それにもかかわらず、「一時的な」ヘンシェルにすぐに続いて急降下爆撃機の三番手の計画があとを追った。

　そのユンカースJu87という機体は、何年かのちにドイツ空軍の急降下爆撃の化身となる。そして、ユンカース教授の製造ラインからさらに多くの角張り主翼が折れ曲がった単葉機が送り出されるにつれ、優雅なHs123は第一線の急降下爆撃飛行隊から姿を消し始め、ずっと以前から訓練部隊に配備されていたHe50の隊列に加わった。

　しかし、Hs123だけがスペインにおける運用で実用面の欠陥を明らかにされた機種ではなかった。ハインケルHe51はドイツ軍司令部をより一層失望させた。新生ドイツ空軍の標準単座戦闘機として選定されたハインケルの複葉機は、1936年8月にスペイン南部のカディスへ向け最初の6機が船積みされるずっと以前から、注意深く演出された多くの示威飛行で、優雅で攻撃的な外見をすでに世界中の報道機関に披露していた。

　そのとき、ベルリンの屋根のすぐ上で繰り広げられた大編隊飛行が火に油を注いだ、プロパガンダが助長したドイツ空軍優越性の印象は実体とはまったく異なっていた。当初のわずかな成功にも関わらず、対戦相手の共和国政府軍の大部分(主にフランス製)の戦闘機にHe51は実際、危険なまでに劣っていることが判明し、それは激しい衝撃となった。これは以下の出来事によっていやおう無しに本国へもたらされた。9月中旬、旧式なブレゲー爆撃機の一群を護衛していた際、爆撃機を攻撃するハインケル6機を阻止できなかったわずか2機の共和国政府軍機が、いざとなるとドイツ戦闘機を撃退してしまったのだ! さらに悪い結果を招かなかったのは、ただ、フランス機の武装が貧弱だったおかげにすぎなかった。

　まず最初に、ドイツは数に物をいわせることで状況の転換を図り、11月末までにさらに72機(スペイン・ナショナリスト軍向けの24機を含む)のハインケルがスペインに派遣された。しかし同月にスペインに到着したソ連のI-15、I-16戦闘機の第一陣が、ドイツ軍司令部が相変わらず

「2●9」をこの惨めな姿にした正確な状況は不明だが、He51の戦闘機としての欠点はスペインですぐに明らかになった。

抱いていたかもしれない、世界水準に達した戦闘機を保有しているという、He51にまだ残されていた幻想を最終的に打ち砕いた。そのHe51は今やコンドル軍団のJ/88戦闘機飛行隊の4個中隊全部に配備されていた。

その年の末までにスペインのドイツ戦闘機隊の地位は「茶番的」と揶揄され、パイロットたちは屈辱感に打ちのめされていた。制空戦闘機としては絶望的なまでに劣ったHe51は、爆撃機護衛任務に適切に使うこともできなかった。敵機が接近するとそのドイツ軍戦闘機はたびたび「大型機の防御銃火の保護を得るため、爆撃機編隊のなかに退避することを強いられた」と報告された。

しかし、恐ろしいまでに有効なJu87の登場で、Hs123の急降下爆撃機としての欠点がすぐに記憶から薄れたのと同じく、He51の戦闘機としての能力のなさは、後継機の出現でたちまち忘れ去られた。それは戦闘機史上真に偉大なもののひとつ、メッサーシュミットBf109である。

1937年初春、最初のBf109B型がスペインに急いで派遣され、J/88第2中隊が機種転換した。そこで現下の課題は軍団のHe51をどうするか、ということだった。結論は、Bf109に転換した第2中隊機と解隊されたJ/88第4中隊の機体をスペイン・ナショナリスト空軍に引き渡し、一方でJ/88第1、第3中隊の機体はさらに多くのBf109が到着するのを待って、主に地上攻撃用途に転用する、というものだった。

スペイン人はすでに自分たちのハインケルをそうした任務に使い始めていた。実際、He51の編隊を使った「カデナ」（チェーン、という意味）戦術を発展させたのは彼らだった。それは一直線に連なって飛行し、敵の塹壕の長手方向に沿って次々と急降下し機銃掃射するというものである。先頭機は航過を終えると引き起こし、半横転して列のうしろにつく。塹壕に立てこもっている側は連続して銃火を浴び、釘づけされる結果となる。殺戮はハインケルの弾薬を撃ち尽くすか、陣地が攻撃隊に占領されるまで続けられる。

J/88第1、第3中隊のパイロットたちは、1937年春に北方戦線のビルバオとサンタンデール周辺で最初の地上攻撃任務に出撃したとき、同様な戦術を使った。またこのときは10kg爆弾6発を運ぶことができる、エルヴェマク（Elvemag）爆装ラックを胴体下面に装着していた。

その後の数週間は新種の戦争における、彼らにとっての新技術に磨きをかけることに費やされた。「ルビオ」・ブリュッカーのHs123もたまたま同種の任務に従事していたが、唯一違う点はハロ・ハルダー中尉率いるJ/88第1中隊とダグラス・ピトケルン中尉率いるJ/88第3中隊は、必要とされる場面でかつ状況が許せば、戦闘機任務にも駆り出された。だが知られる限り、この時期に両中隊とも1機の撃墜戦果もあげなかった。

1937年7月にコンドル軍団のハインケルはブルネテの戦いに参加するためマドリード前線に送られた。アードルフ・ガランドというある中尉がJ/88第3中隊の指揮官に任じられたのはこのときだった。J/88の技術将校に着任するためスペインに着いたばかりのガランドは、極端なまでに戦闘機に対する熱意を抱いた飛行機乗りだった。そのため彼はHe51を装備する第3中隊に着任しても大して喜ばなかった。そして、数週間後にハロ・ハルダーのJ/88第1中隊がハインケルからBf109に機種転換して、喜びはさらに減った。

それにもかかわらず、ガランドはいつも通りの徹底主義で新任務に取り組んだ。のちにガランドは、1937年夏のあいだに彼と彼の中隊が第二次大戦

1938年4月、一同に会したJ/88の中隊長4名。左から順にヴォルフガング・シェルマン、アードルフ・ガランド、ヨアヒム・シュリヒティング、そしてエバーハルト・ド・エルザの各中尉である。

中のドイツ空軍地上攻撃隊の基礎を築いた、と主張する。そして彼はほぼ正しかった。焼けつく日差しの暑さをものともせず、海水パンツを履いただけで日に何度も出撃し、彼らは「炭坑夫のように汗を滴らせ、油にまみれ、硝煙で真っ黒になりながら」、ヴィラ・デル・プラドにある基地に戻った。

　ガランドが自分の部隊の任務について「歩兵攻撃の際の航空支援、敵戦線背後の制圧行動、砲兵隊の沈黙、予備兵力投入の阻止、そしてどんな反攻の可能性も粉砕する」と述べたのは第一次大戦中に書かれたに違いない。唯一抜けている事柄は補給物資の空中投下だけである！

　それからJ/88第3中隊は彼ら独自の工夫を追加した。オビエドの周囲の丘を縫う塹壕にこもった、共和国政府軍の部隊にたった1機で爆弾を投下しても効果がほとんどないことを知り、大規模爆撃を試したのだ。隣接する谷の低空で密集編隊を組み、同中隊は敵陣の背後から接近して、ガランドの手信号で一斉に爆弾を投下した。彼らはこの戦術を冗談半分に、「貧乏人の絨毯爆撃」と命名した。

　実際、この時期のJ/88第3中隊の中央、北方戦線における地上攻撃作戦が大いに成功したのは、主にスペイン・ナショナリスト軍へ引き渡しを意図していた、28機の新型He51が軍団に配備されたためである。50kg爆弾4発が搭載できる爆弾ラックを始めから装備していたHe51C-1は、1937年初秋からスペインに到着し始めた。これが到着したことで、J/88第4中隊は10月に活動を再開し、今度はエバーハルト・ド・エルザ中尉が率いた。

　今やガランドのJ/88第3中隊は操縦席の前方に有名な「ミッキーマウス」の図柄を記入し、ド・エルザのJ/88第4中隊は同様に有名な「スペードのエース」を胴体のコンドル軍団の黒丸に重ねて記入した。両中隊とも1937年から38年にかけての厳しい冬にテルエル周辺の不活発な戦いと、そのあとで東方に向かい地中海沿岸にまで達する追撃戦に参加した。

第4中隊のエッケハルト・プリーベ少尉がテルエルから脱出を試みた敵戦車1両を破壊したのは、1938年1月20日のことである。その当時は「鋼鉄の巨人」といわれていたが、重量9.5トンのロシア製T-26軽戦車が、「エッキー」・プリーベの投下した10kg爆弾6発の犠牲となったのは驚くほどのことではない。しかしこれが、地上攻撃機によって撃破された一番最初の敵戦車、とする記録が認められている。1941年から45年にかけて、東部戦線では何千名ものソ連軍兵士が同じ運命を辿ることになる。

　1938年春のアラゴンを通過する急速な進撃は、18カ月後に世界初の「電撃戦」でドイツ空軍が壊滅的効果を与えるのと同じ地上攻撃戦術を完成させるのに、とりわけ軍団のハインケルにとり、理想的な状況を提供した。

　1938年初めにカラモチャでJ/88第4中隊に加わった、ケラー中尉という名のひとりのパイロットは自分の体験を記録していた。彼の最初の出撃任務はテルエル北の共和国政府軍陣地に対するもので、1月の末に遂行された。

「中隊長の状況説明は長くは続かなかった。目標に接近するまでは右下がりのエシェロン編隊形をとり、十分に隠れてゆく。目標上空で攻撃に最適な方向を決め、もし必要とあれば20mm対空砲の場所を突き止めるため、短時間の偵察を行う。攻撃方法は一直線に連なり急降下し、機関銃掃射と爆弾投下を行い、上昇して再集結。もし必要とあれば同じ攻撃を繰り返す。彼は私を指差し、『君は機体番号105を使い、3番機だ』といった。

『了解。行きましょう!』

「目標に到達するまでに約20分かかった。我々9機は、各機が前の機体の右後方で少し上方に位置し、1本の糸で縫われたかのような密集編隊を保った。いったん目標に達したら、我々は円を描いて旋回した。円は次第に小さくなり、中隊長機が突然翼を翻し急降下した。2番機がおよそ50mから100mあとに続き、それから私の番がやってきた。

「先頭機が射撃を始めるたびに、平行なもつれた薄く白い煙を曳き、目標の方向に空を横断し短く曲がっているのを、私は見分けることができた。2番機が引き起こし離脱を始めるや否や、私は機関銃の発射ボタンを押したが、何

ド・エルザ中尉の乗機「2●111」に記入された4.J/88の中隊マーク、「スペードのエース」。

に向けて射撃しているかまったく考えていなかった。眼下の地上で何かはっきりした戦果があがったわけではなかったが、私はもっと冷静になり、次の数回の航過では射弾を集束させた。およそ15分間で我々は約10回攻撃したに違いなく、そのあとで基地に帰還した。

「私はテルエル地区に対しさらに6回出撃し、少しずつ経験を積んでいった」

テルエルが占領されたのち、He51は北方のエブロ渓谷にあり、サラゴサから北西に約30kmに離れたガルルへ移動した。ケラー中尉は続ける。

「我々の新任務は敵をサラゴサの東の陣地から追い出し、地中海に向けてできるだけ遠くへ、そして素早く追い立てることだ。もはや分厚いコンクリート壁や地下深い掩蔽壕に守られた敵が相手の活気がない戦いではなく、移動しながらの戦争になった。そのあとの数週間で、地上攻撃隊はスペイン内戦を通じて最も目覚ましい戦果のいくつかをあげることになった。

「我々は主に道路上の輸送隊に集中し、数千とはいわないが、数百台の車両とその乗員を攻撃したに違いない。テルエルを取り囲み、我々がいつも疫病のように避けようとした20mm対空砲は今やほとんど確認されなかったため、我々は次第に厚かましくなり、通常は地上からわずか数mの高度を飛行した。無論これの意味するところは、我々がより多くの目標を破壊し、通過したあとに炎上する車両を多数残していった、ということだ。

「あるとき、ベルチテの南で合計約40台の車両から成る2つの機械化重砲兵隊を横切った。それらの隊員たちは砲を分解して退却に加わる準備を始めていた。両中隊はこの目標と接触を保つことを命じられた。その意味するところは、弾薬補給のため基地に引き返すのに必要な短い合間以外は、一方の中隊が攻撃している間に他方の中隊は常に上空で旋回している、ということだ。約10台のトラックが炎に包まれ、残りは機銃弾と破砕爆弾により穴だらけにされた。1台も逃れられず、両方の重砲ともナショナリスト軍の手中に落ちた」

のちの、エスカトロンに在る共和国政府軍の戦闘機用飛行場に対する攻撃は成功したとはいい難い。ケラー中尉はこれについて最初から疑問を抱いていた。

「エスカトロンはその当時の前線から約35km奥にあった。難しい任務だ！ それはロシアのラタ［スペイン語でネズミのことで、I-16のあだ名］の巣で身を危険に晒すだけでなく、絶望的なほど性能が劣った機体で低空攻撃することも意味した。我々にとりひとつの慰めは、戦闘機の護衛が約束されていたことである。

「我々は予定通り0400時（午前4時、以下の時刻表示も同様）に離陸した。飛行場はまだ夜明け前の暗闇に包まれていた。前線までは優に60kmもあり、高度2500mで前線を越えた。我々の神経は耐えられる限界まで張りつめた。第3中隊は我々より5分早く離陸していた。戦闘機の護衛はまったく見かけなかったが、彼らは高速を生かしてすぐに追いつくだろうことを知っていた。

「目標に到達する少し前に、はるか下方の多数の閃光に気づいた。最初、私は敵の対空砲火だと思ったが、実際は第3中隊の投下した爆弾が破裂したのだった。

「それを知る前に、我々は攻撃を開始した。中隊長機のわずか数秒後に私も急降下したが、彼を見失った。最初の航過のあとで再度上昇しているときに数機のHe51を見かけ、すぐに彼らのうしろについた。我々がどんなものを

爆撃したかを見分けるにはまだ暗すぎた。火災、あるいはほかの攻撃成功の兆しはなかった。

「長距離を飛ぶ必要があるため長居はできず、目標上空に5分間だけ止まったのちに基地へ戻った」

ケラー中尉はスペインにおける最後の出撃のひとつについてもいきいきと回想する。

「内戦を通じ、我々の全地上攻撃任務でおそらく最も大きな成功を収めたと思われるのは、私の38回目の出撃だった。我々はレリダの町を攻撃するナショナリスト軍の支援を命じられた。町の正面には一列のセメンテリオが横たわっていた。それはてっぺんが平らな低い山あるいは台地で防御陣地には理想的なため、敵はそれに沿ってたくさんの塹壕を堀っていた。レリダに通じる幹線道路はこの台地の右縁をかすめ通じていた。

「いつもと同じく、我々は目標の上空約1000mで旋回を始めた。地上からすぐに激しい砲火が浴びせられた。立ち上ぼる煙から、塹壕網全体に散らばった兵が我々を撃っていることがわかった。中隊長は我々を率いてただちに攻撃に移った。我ら9機の機関銃射撃と投下した爆弾全部が目標に確実に当たった。

「そのときまったく尋常ならざる何かが起こった。道路に一番近い塹壕の端が空になり始め、『アカ』の民兵がそこから大急ぎで飛び出した。道を急ぎ、安全なレリダに戻ろうとして、恐慌状態に陥り台地の側面から逃げ出してきたのだ。それはまったく止まらなかった。ちっぽけな人影が持ち場から離れて後方へやみくもに走ってゆき、塹壕網全体が右から左に解けていった。

「ナショナリスト軍の戦車と歩兵が殺到するまでに、我々は逃げ出した敵兵たちに低空から各自15回か、それ以上の地上掃射を実施したに違いない。到着までにすべては終わっていた。数秒間で敵の全軍団は厳重に防備を固めた陣地から駆逐された。そして、それはすべて我々だけの働きによるものだった！

「着陸したあとで機関銃や小火器による弾痕が全機から見つかった。私の機体からも5つの弾痕を発見したが、そのときは気にも留めなかった」

He51はスペインで戦闘機として運用されたならば災難を招いたかもしれないが、地上攻撃任務には優れていた。この写真は、「ヴィリ」・マイアー軍曹の乗機「2●76」の地上要員が機体に搭載する爆弾の新用途を見つけたもので、棒ぐい代りの錘として左側下翼にロープで結びつけている。

上に述べたような戦闘は来るべき地上攻撃戦の最後の実地演習だった。ケラー中尉が述べた交戦のすぐあとで、コンドル軍団は最後まで残ったHe51をスペイン・ナショナリスト空軍に引き渡した。J/88第3中隊は待ち望んでいたBf109をようやく受領したが、J/88第4中隊は二度目の、そして最終的な解隊の憂き目を見た。

　しかし、スペイン人が「トラバハデロス」(働き者、という意味)と呼んだハインケルHe51は任務を十分に遂行したのだ。

ズデーテン

　アードルフ・ガランドは、J/88第3中隊がBf109に機種転換する直前の1938年5月下旬に同中隊を離任した。心情的には戦闘機パイロットだった彼は、スペインでは1機も撃墜しなかった。傷口に塩をなすりつけるが如く、ヴェルナー・メルダースという彼の後任は新たに配備されたメッサーシュミットをすぐに最大限活用し、2機のI-15を撃墜した。そして、これはメルダースが14機を撃墜し、コンドル軍団最高の撃墜王に躍進する手始めにすぎなかった。

　本国への帰還は戦闘機部隊への復帰も意味するようにとガランドは期待を抱いていた。しかし彼は失望することになった。大いに自信をつけたヒットラーは、すでに軍隊をラインラントの非武装地帯に進駐させ、オーストリアを併合していた。両方ともヴェルサイユ条約では特に禁止されていた行動である。今や総統は、チェコスロヴァキアのズデーテン地方をしっかりと見据えていた。

　要求に重みを付け加えるため、ヒットラーは獲得しようと争っている地方の国境に沿って、拡張し続ける空軍が強い存在感を与えるよう命じた。ドイツ空軍は主に爆撃機、急降下爆撃機、戦闘機からなる40個飛行隊を派遣した。そのなかの急降下爆撃飛行隊にはHs123装備の第165急降下爆撃航空団第Ⅲ飛行隊が含まれており、その当時まだJu87を使っていない唯一の急降下爆撃部隊だった。

　もしもこの軍事力示威行動が十分な効果をあげず、チェコスロヴァキアからズデーテン地方を獲得するため実際に武力行使が必要となった場合に、チェコの国境防衛を突破するための理想的な兵器として、つい最近スペインで大きな成功を収めたものと同じ、しかしもっと大規模な地上攻撃部隊を編成することが決まった。そして、その部隊編成を助けることができるのは、コンドル軍団で10カ月を過ごしその種の任務に必要な戦術を完成させた「あの人物」以外に、誰がいるであろうか？

　そういうわけで、外地勤務終了後の休暇が突如取り消されたアードルフ・ガランドは、ベルリンの航空省の真新しい建物のなかで書類仕事に就き、地上攻撃飛行隊を臨時に5個編成する任務に携わった。「無論、遅くとも一昨日までにすべてが望まれた」というような混乱と稚拙にも関わらず、「飛 行 隊」(Fliegergruppe)と名づけられた5個の新部隊は、ズデーテン地方に沿ったドイツ国境に展開する前に、大規模演習への参加が間に合った。

　飛行隊のうち3個はチェコスロヴァキアの北と北西に接するシュレージェン、ザクセン、チューリンゲン地方を管轄する第１航空群司令部(Lw.Gr.Kdo.1)に配備された。それぞれブリークとグロトカウに駐留した第10、第50飛行隊は、訓練学校から引き揚げられたHs123を装備した。一方、ブレスラウにいた第20飛行隊は、軽爆撃機としてはとっくの昔に退役したが

ミュンヘン危機当時の撮影。このHs123は、当地で民間人の関心を大いに惹きつけている。残念ながら所属飛行隊は不明だが、のちに地上攻撃隊の象徴として採用される胴体後部の黒い三角がはっきりわかる。

偵察任務にはまだ使われていた、時代遅れのHe45を装備した。

ほかのふたつの部隊、第30、第40飛行隊はチェコスロヴァキアの南西と南に接するバイエルン、オーストリアを管轄する第3航空群司令部（Lw.Gr.Kdo.3）の指揮下に入った。第30飛行隊のHs123はシュトラウビングに駐留し、一方、時代遅れのHe45を装備した第40航空飛行隊はレーゲンスブルクに駐留した。

1938年9月後半までに陸軍、空軍の集結はすべて完了し、ヒットラーの「軍事力を見せつける」用意は整った。英仏両政府はどんな犠牲を払ってでも宥和政策を維持する、という一致した願望をあからさまにしていた。9月30日、彼らはミュンヘン協定に調印し、チェコスロヴァキアのズデーテン地方は大ドイツ帝国に割譲された。翌日、ヒットラーの軍隊はほとんど抵抗も受けずに、もはや消滅した国境を越えて進駐した。

「緑」作戦（ズデーテン割譲作戦につけられた秘匿名）のために集結したドイツ空軍部隊の大半は、すぐにそれぞれの基地に戻っていった。5つの地上攻撃飛行隊のうち、ジークフリート・フォン・エシュヴェーゲ大尉の第30飛行隊だけが新たに獲得した地域に移動した。しかしマリーエンバート（マリアンスケー・ラーズニ）に駐留していた期間は短かく、10月22日には北ドイツのファスベルクにいた第40飛行隊とふたたび合流した。

この「飛行隊」という名称下での作戦運用は短期間で終わったが、これら5つの部隊を創建する努力は無駄にならなかった。3個飛行隊はふたたびJu87を装備して急降下爆撃飛行隊（Stukagruppe）に戻り、4番目はDo17を装備して爆撃飛行隊（Kampfgruppe）に変わった。だが、5番目の第10飛行隊は1938年11月に教導航空団（Lehrgeschwader）の隊列に加わり、地上攻撃の研究を促進させるため編成された唯一の飛行隊の中核をなした。なお、いくつかの出版物は、He45を装備した第20飛行隊がその任務に当たった、と主張している。

ドイツ空軍の教導航空団は新型機の実用評価や新戦術の開発を任務とする混成部隊だった。教導航空団傘下の各飛行隊はそれぞれ異なった機種を装備していた。たとえば第2教導航空団は、戦闘機を装備した飛行隊である第2教導航空団第Ⅰ（戦闘）飛行隊（I.(J)/LG2）、偵察機装備の第2教導航空団第Ⅲ（偵察）飛行隊（Ⅲ.(Aufkl)/LG2）、そして第10飛行隊のHs123が移った先の第2教導航空団第Ⅱ（地上攻撃）飛行隊（Ⅱ.(Schl)/LG2）から構成されて

いた。

こうして第二次大戦直前の最後の10カ月間に、ドイツ空軍の全地上攻撃戦力は彼らだけになったのである。

chapter 2

電撃戦
blitzkrieg

「我々が操縦席に乗り込んだのは、9月1日朝のまだ暗い時刻だった。暖気運転でエンジンの排気管から青い炎があふれ出て、日の出の最初の兆しとともに砲撃が始まった。我が部隊の攻撃目標はポーランド陸軍参謀本部とその建物だった」

こう話すのはアードルフ・ガランド中尉。ミュンヘン危機の際に5個飛行隊の編成に助力したのち、ガランドはついに彼が真に愛する対象物、戦闘機に戻ることが許された。しかし、第433戦闘航空団第1中隊（1939年5月1日に第52戦闘航空団第1中隊と改称）の中隊長にはちょうど9カ月間しか在任できなかった。彼の地上攻撃任務に関する知識と経験を空軍上層部は忘れていなかった。そこで、戦雲がヨーロッパを覆い隠そうとする1939年8月1日に、彼は第2教導航空団第Ⅱ（地上攻撃）飛行隊に着任した。

1938年11月11日の編成以来、第2教導航空団第Ⅱ（地上攻撃）飛行隊はバルト海沿岸から約24km内陸に入ったツトウに駐留していた。ガランドが同飛行隊第5中隊長に着任したのはその場所だった。数日後、飛行隊のHs123は南に向かい、ユターボク、コットブスを経由してシュレージェンのアルト＝ジーデルに落ち着いた。

彼らはフォン・リヒトホーフェン少将率いる特別任務空軍部隊司令部（Fliegerführer z.b.V.）の指揮下に入った。それは主としてJu87シュトゥーカで構成され特別な任務を帯びた部隊司令部で、世界初の「電撃戦」で航空戦力を担う予定だった。電撃戦では、ポーランド国防軍に対し第10軍が開けた狭い突破口を拡大する打撃を与え、その後は第1、第4戦車師団を先鋒とし、北東の敵の首都ワルシャワへ向けて追撃することになっていた。

一部の昔気質の野戦司令官と同

第二次大戦勃発の少し前に退役が予定されていたため、Hs123を明度を下げた新迷彩に塗り替える必要はないと考えられていた。そのためHs123は、この写真のように元の上面三色迷彩のままでポーランド戦に参加した（カラー図版3も参照）。

様に、フォン・リヒトホーフェンはスペインでは手近な見晴らしのよい丘の上から指揮下の部隊の戦いぶりを眺めることがよくあり、Hs123の能力だけでなくその限界についても危惧していた。

彼は「シュピールフォーゲルが指揮するおんぼろ飛行機がアルト＝ジーデルから前線にようやく到着するまでには、燃料の半分近くをすでに使い切っているだろう」と、不満を述べていた。そこで、シュピールフォーゲルやそのおんぼろ飛行機のために、ポーランド国境に近接した前線飛行場を用意するよう命じた。

かくして、1939年9月1日の朝日が昇る前のまだ暗い時刻に、その地方のドイツ・ポーランド国境を成していたヴァルテ河の河口から15km足らず上流、アルト・ローゼンベルクの町外れにある小さな飛行場では第2教導航空団第Ⅱ（地上攻撃）飛行隊のパイロット39名が、乗機のエンジン回転数を上げていたのである。

地上にたちこめた靄がまだ草地の湿っぽい草にまとわりついていたが、全機は無事離陸した。国境の越境地点であるグルンスルーのすぐ南にある前線司令部で、フォン・リヒトホーフェンは近づくHs123の爆音を聞くことができた。河の上空を旋回する彼らの姿が何とか見えたとき、エンジン音は「巣を荒らされたスズメバチの群れが怒っているようにブンブンと唸って」いた。

0445時ちょうどに、シュピールフォーゲルの先任中隊長ヴァイス大尉はヘンシェルを率いて攻撃に移った。彼は、河の対岸に飛行隊の爆撃目標、プルツィシュタイン村とその周辺にあるポーランド陸軍の施設をすばやく見つけた。情報部によれば、それは敵第13師団の前衛部隊に占拠されていた。

ヴァイス率いる第4中隊のパイロットは全員が4発の50kg破砕焼夷爆弾を正確に投下した。続いてすぐにガランドの第2教導航空団第5（地上攻撃）中隊が同じことをした。第6中隊が攻撃に移るまでに敵陣は煙と炎に覆われた。奇襲攻撃であったが、ポーランド軍は軽対空砲と小火器で応戦した。しかしこの反撃は、ヘンシェルがケッテ（3機編隊のこと）ごとに別れて木々やほかの障害物のすぐ上やその周囲を低空飛行し、ポーランド軍を機関銃火でなぎ倒す一連の地上掃射に移ると、すぐに制圧された。

フォン・リヒトホーフェン少将はリスヴァルテのこちら岸から一部始終を観察していた。1939年9月1日の朝日の下で目撃したのは、進撃する陸軍を直接支援するドイツ空軍が実施した第二次大戦初の地上攻撃作戦だった。そしてそれは成功裏に終了した。この重要な日の終わりに、国防軍最高司令部（OKW）は出来事を要約した声明を発した。それには以下の言葉が含まれていた。

「……さらに付け加えると、いくつかの地上攻撃航空団が陸軍の進撃に効果的な支援を与えた」

いくつかの地上攻撃航空団というのは、大戦最初に被った損害のひとつ

前頁写真の機体と同様に、相変わらず戦前の識別記号を踏襲したままのHs123。だが、1939年に始めて導入されたカギ十字を尾翼に記入しており、このことから平時最後の夏に北東ドイツの森林と草原の続く上空高くを、悠々と飛行しているのがわかる。

で明かされるが、実際はたった1個の地上攻撃飛行隊だった！

開戦日の朝にプルツィシュタインに対して行った攻撃の成功は翌週への手本を示した。以後7日間に、シュピールフォーゲル少佐の第2教導航空団第Ⅱ(地上攻撃)飛行隊は、第10軍の戦車隊がワルシャワに着々と接近する道筋を開き続けた。地方の敵の頑強な抵抗に遭い戦車部隊、あるいは機械化歩兵部隊が一時的に停止したときは、いつも「123(アインス=ツヴァイ=ドライ)」がその障害を取り除くべく呼び出された。その過程でヘンシェルは新たなあだ名をつけられた。スペインの「トラバハデロス」(働き者)はポーランドで「シュレヘター」(肉屋)になった。ドイツ語で単数形の「シュラハト」は実際に「戦い」を意味するから、それは言葉遊びだとしても不適切な使い方ではなかった。

ヘンシェルの「航続力が限定」されていたため、同飛行隊が占領したてのポーランド国内に移動するまで長くはかからなかった。開戦から3日後に短時間だけ回り道をして、特別任務空軍部隊司令部全体がチェコスロヴァキアの南東に移動し、そこで敵軍包囲に加勢した。フォン・リヒトホーフェンの部隊を重点的に投入した結果、ポーランド軍の主要部隊では第7師団が最初に投降した。しかしすぐに、第2教導航空団第Ⅱ(地上攻撃)飛行隊はワルシャワへ向かう道筋に戻り、第10軍の戦車部隊先鋒のあとを追った。

9月8日までに同飛行隊は、ポーランドの首都から100kmあまり離れた前線に近いトマショフに移動した。有名なヴォルボジの種馬飼育場に沿った広い牧草地が適当な前線飛行場として選定された。「もしも野原で車を時速50kmで走らせ、そしてあまり飛び跳ねないで運転することができれば、地面の状態は我々のHs123が離着陸するのに十分適している」という具合に定められた方法で適性が試されたのち、第2教導航空団第Ⅱ(地上攻撃)飛行隊はそこに展開した。実際にその飛行場はヘンシェルが200mの離陸滑走に適するだけ充分に広かった。だが、新たな借地人たちが馬を驚かせたかどうかは記録されていない。

9月8日午後の早い時刻に、同飛行隊はワルシャワ郊外に到達した第4戦車師団の戦車による強力な攻撃を支援した。首都防衛隊に対する翌朝の強力な空爆が命じられた。

もう習慣になっていたが、シュピールフォーゲル少佐は部下のパイロットたちへ当日の出撃について状況説明するのに先立ち、フィーゼラー・シュトルヒで攻撃予定地区に飛来して偵察し、目標にふさわしいものを捜していた。だがその日、彼は帰還しなかった。ヴェルナー・シュピールフォーゲルと彼のパイロットは、ワルシャワ郊外の南方で対空砲火に撃墜され戦死した。フォン・リヒトホーフェン少将はすぐにオットー・ヴァイス大尉を、第2教導航空団第Ⅱ(地上攻撃)飛行隊の後任指揮官に任命した。

しかし、先頭の戦車がワルシャワ

画質はきわめて悪いが、主翼下面にSC50爆弾を4発装着したHs123の密集編隊を撮影した写真。第2教導航空団第Ⅱ(地上攻撃)飛行隊が大戦勃発前に、隷属する教導航空団の記号「L-2」を導入したことを示している。

に入る進路を切り開き始めたまさにそのとき、後方では危険な状況が発生しつつあった。ポーランドの首都を目指す第10軍の急速な進撃は、フォン・リヒトホーフェンのシュトゥーカとヘンシェルの少なからざる支援により可能となったが、すぐ左の第8軍をずっと追い越していた。その第8軍はポーランドの首都に向けた機械化攻勢の左辺の守備を担当することになっていた。その師団は主に歩兵から構成されていたが何kmにもわたって一列に連なった結果、彼ら自身の縁は配備が手薄となり敵に対し危険なまでに露出していた。

そして偶然にも、まだ戦いに参加しておらず、それ故まだ大半が無傷の全ポーランド陸軍は、第8軍の左側境界を区切っていたブズラ河対岸からほんの数kmのところを、ドイツ軍が前進するのと平行して退却しつつあった。ポーランド軍のクトジェバ将軍は機会を窺っていた。9月10日夜に、彼は強力な軍を数カ所の地点で渡河させた。彼の意図は第8軍の縁の薄い外殻を破り背後から第10軍を攻撃することで、それによりワルシャワ攻撃を頓挫させることにあった。

クトジェバ将軍の大胆な計画は、ポーランド戦を通じてポーランド陸軍による最初で唯一の反攻になるはずだった。それは直接かつ圧倒的な反応を引き起こした。ワルシャワ攻撃は放棄され、投入可能なドイツ地上軍と空軍部隊は進撃の矛先を転じ、突然の予期せぬポーランド軍のブズラ河沿いの脅威に対処した。その後の戦闘では第2教導航空団第II（地上攻撃）飛行隊が戦闘の矢面に立った。

9月11日早朝にトマショフ郊外の種馬飼育場の牧草地から離陸したヘンシェルは、すぐに河へ向かい72kmの距離を飛行した。目標には事欠かなかったので、シュピールフォーゲル流の事前偵察は必要なかった。渡河地点から南東に向かう道路はすべて、進撃するポーランド軍部隊であふれ返っていたのだ。

過去10日間に「戦うオットー・ヴァイス」率いるパイロットたちは、ヘンシェルに組み込まれた――最初はスペインで披露された――「秘密兵器」、つまりそれが発する神聖ならざる騒音を再発見していた！　エンジン回転数が毎分1800回転のときに、一種の「音の舳先波」が発生し、それによりプロペラが「あたかも12挺の重機関銃のような」恐ろしい騒音を突然発するのである。

12機かそれ以上のHs123が、彼らの頭上10mを道路沿いに唸りをあげて飛び去るのに耐えた敵の小部隊は、勇敢だが滅多になかった。人馬は恐慌に襲われた。運転手と乗員は車両からはい出し、遮蔽物を探し求めた。しかし、そうした回転数のときにヘンシェルがもっと大きな騒音を発する場合には、実際には地上はもっと安全、ということをもしも彼らが知ったならば、状況はどう変わったであろうか。そのとき、パイロットたちはプロペラを射抜く恐れなしに機関銃を発射することができない、といわれていたのだ！

しかし、陽光が残っている限り次々とヘンシェルのパイロットたちが圧力を加え続けた際に、機銃掃射、50kg高性能爆弾や焼夷弾といったもっと致命的な手段で攻撃する機会が多々あった。爆撃航空団のハインケルとドルニエが上空を飛んでいる一方で、シュトゥーカの乗員も同じことをしていた。メッサーシュミット戦闘機と駆逐飛行隊さえもが低空を飛び地上掃射することを要求された。

そうした集中爆撃の目標にされたポーランド軍の進撃は鈍り、やがて止められた。攻勢を発動してわずか3日後に、クトジェバ将軍は彼の切々になった

部隊がブズラ河を渡り戻って来るよう命じた。将軍自身が次のように述べていることからわかるように、それは楽な仕事ではなかった。

「ほぼ1000時頃、ヴィトコヴィチェ近くの渡河地点に対し敵の大規模な航空攻撃が実施された。動員された機数、攻撃の集中、そしてパイロットたちの曲技的な大胆さに関していえば、以前のどれをも凌いだ。地上のどんな動きに対しても上空から襲いかかってきた。部隊のどんな集結も道路への接近も上空から圧倒的な火力に見舞われた。橋は破壊され浅瀬は破壊された車両で塞がれた一方で、河を渡るために待っていた縦隊は爆弾で粉砕された」

しかし血まみれではあったが、ポーランド軍は打ちのめされてはいなかった。今や彼ら自身が包囲される恐れに直面し、ポーランド軍は退却を諦め、安全なヴィスワまでの退路を戦いながら開こうと試みた。彼らは9月16日、17日はずっとフォン・リヒトホーフェンのヘンシェルとユンカースによる定常的な襲撃に遭った。だがその翌日、1週間に及ぶ航空攻撃のあとで、彼らの抵抗はようやく粉砕され始めた。少数はヴィスワのモドリン要塞という一時的な聖域へ到達することに成功した。しかし大半の約17万名は包囲され捕虜となった。

ドイツ空軍がこうした地上戦に決定的な役割を演じたのは初めてのことだった。これが最後とはならないはずだ。ブズラ河に沿ったポーランド軍の敗北は戦場での組織的な抵抗を終わらせはしたが、他の部隊は戦い続けた。ワルシャワとモドリンは9月27日まで降伏しなかった。

第2教導航空団第II（地上攻撃）飛行隊は最後まで戦闘に加わった。記録された最後の出撃は、ポーランドが降伏する2日前にその首都に加えられた猛攻撃に参加したことである。ポーランド戦で個々のパイロットは感銘を与えるほどの出撃回数を記録した。アードルフ・ガランドは「約50回の出撃」といっていたが、彼はそれを達成して二級鉄十字章を受勲し、10月1日に大尉に進級した。

史上初の電撃戦における同飛行隊の貢献は総統に認められ、彼は戦場各地を巡る旅で時間を割き、ワルシャワ南のザレジーの前線基地に彼らを訪問した。総統はヴァイス大尉とその部下とともに野戦食堂の周りに座って報告を聞き、彼の軍隊が「目覚ましい戦果を達成した」と演説した。

老いぼれヘンシェルはあらゆる予想を凌ぐ働きを実際に示した。しかし成功の代償は安くはなかった。ヴェルナー・シュピールフォーゲル少佐の喪失に加えて、ほかにパイロット9名の戦死、あるいは行方不明が伝えられ、人的損失は25パーセント近くに達したのだ！

西部戦線
The West

ポーランドで戦火が収まるとともに、第2教導航空団第II（地上攻撃）飛行隊は休養と再編のためドイツのブラウンシュヴァイクに戻った。1939年から40年にかけての冬は人々の記憶に有る限り最も厳しかったが、平穏に過ぎた。ヴァイス大尉の指揮下から2個中隊が抽出され、1940年2月1日以降にオランダ国境から24km離れたミュンヘン＝グラードバハへ移動した。

そのときまでに、フォン・リヒトホーフェン少将の特別任務空軍部隊司令部は公式に航空軍団（Fliegerkorps）へと昇格したが、同飛行隊はまだその隷下にあった。来る西方攻撃では、空戦の対戦相手は勇猛だが時代遅れのポー

ランド軍より遥かに強力であろうと予想されたため、その新編の第VIII航空軍団には自前の護衛用にBf109の戦闘機部隊が配備された。また、航空軍団の打撃力の航続距離を延ばすため、Do17装備の1個爆撃航空団が一時的に配備された。

2月11日にグラードバハで第2航空艦隊司令官ケッセルリング大将が儀杖用隊旗を贈ったあとで、第2教導航空団第II（地上攻撃）飛行隊は、ハノーヴァー近くのデーデルスドルフで特別なドイツ空軍空挺部隊と一連の演習を開始した。

多くの河川で渡河を経験してもドイツ軍が進撃の歩みを止めることは滅多になかったポーランド戦とは異なり、ドイツ西側の隣国との国境は多数の天然および人工の主要水路で区切られていた。こうした障害により、電撃戦の主力部隊が敵国の心臓部に向け解き放たれる前に阻攻されぬよう、渡河の安全が確保される必要があった。

北辺最大の障害物、そして攻勢全体の急所は巨大で難攻不落という評判を得ていたベルギー軍のエバン＝エマエル辺境要塞で、そこからはすぐ北に、アルベール運河に架かる3本の橋が見渡せた。エバン＝エマエルを無力化し3本の橋を占領するのは、第2教導航空団第II（地上攻撃）飛行隊のHs123が最近ともに演習した相手のグライダー空挺攻撃部隊、コッホ突撃部隊（Sturmabteilung Koch）の任務だった。それを完遂して初めて、西方侵攻作戦の先鋒を務める第6軍の戦車隊が、ベルギーを横断し進撃することができた。

ハノーヴァー地方に3月中旬ずっと降り続いた激しい雨が演習の中止をもたらした。ヘンシェルは水溜まりのできた飛行場から作戦可能だったが、満載状態のグライダー隊には不可能なことがわかった。しかし春の天候が回復したのちの4月第3週には、第VIII航空軍団のシュトゥーカを含む全軍が最後の実地演習を実施した。準備はすべて整った。そして5月9日2155時、長く待たれた進撃命令が第2航空艦隊から発せられた。

「0535時に決行」

実際は、1940年5月10日0435時までにコッホ突撃部隊のDFS230グライダーを曳航したJu52/3mの42機全部が、ケルンの飛行場2カ所から無事に離陸した。世界はまたも、より多く語られることになる、「電撃戦」技術の実演を目の当たりにしようとしていた。

西部戦線侵攻作戦

攻撃部隊は各10機から11機のグライダーから成る4つの集団に分かれていた。これらの集団には目標物の建材にちなんだ秘匿名である「花崗岩」、「鉄」、「コンクリート」、「はがね」がそれぞれ与えられた。4つの集団のなかでは最小の85名から成る「花崗岩」突撃隊（Strumgruppe "Granit"）には、最も困難なエバン＝エマエル要塞の制圧任務が与えられた。フォン・リヒトホーフェンのシュトゥーカが外側の防衛陣を爆撃していた間に、彼らはほとんど不可能に思えた要塞そのものの屋上に着陸し、成形炸薬を使い上段の砲塔を攻撃してそれを成し遂げた。「花崗岩」突撃隊の奇襲は第二次大戦史で小部隊による最も大胆な戦闘行動に違いない。しかし、ほかの突撃隊に与えられたアルベール運河に架かる3本の橋を占領し維持する、という任務の重要性も小さくはなかった。そして、ヴァイス大尉のヘンシェル隊が支援したのはそう

した任務であった。

　目下49機のHs123を擁する第2教導航空団第Ⅱ(地上攻撃)飛行隊は、西方侵攻作戦の開戦日に参戦した飛行隊のなかで、在籍機数では最大を誇った。ライン河左岸のノイス近くのラウフェンベルクにある基地から離陸し、背後で朝日が昇り空が明るくなり始めたとき、オットー・ヴァイスはパイロットたちを率いて南西の針路をとった。時間の厳守が必須だった。もし彼らが予定の着陸地点にグライダー隊より先に到達したら、防衛側に警告を与え、奇襲の利点は失われる。逆に到着が遅すぎた場合は、着地の最中とその直後という最も脆弱なときに空挺部隊への支援が不可能となる。

　しかし、デーデルスドルフの合同演習に費やした時間は報われた。ほぼすべてが時間通りに進行した。3つの目標のうちでわずかひとつ、エバン=エマエルから下流に2000mほど離れ、要塞の影にほぼ入るカンネに架かる鉄橋は、あと数分で「はがね」突撃隊(Strumgruppe "Eisen")が占領する寸前に爆破された。

　アルベール運河の深い堤防が伸びたところに架かるほかの2つの大橋、つまりカンネの北に約3000m離れたフルーンホーフェンに架かるコンクリート橋と、カンネから3.2km足らず離れたフェルドウェゼルトの鉄橋は、それぞれ「コンクリート」突撃隊(Strumgruppe "Beton")、「鉄」突撃隊(Strumgruppe "Stahl")によって占領された。

　第2教導航空団第Ⅱ(地上攻撃)飛行隊のヘンシェルはこの空挺作戦中はほぼ常に在空していた。そののち、彼らはドイツ国境から道路上を進撃してきた戦車部隊とすぐに合流した。その日の終わりまでに、同飛行隊はおよそ8回から10回の地上支援をこなしたが、実際、第Ⅷ航空軍団の大半の部隊は配備の偵察中隊さえもが、「目標を発見した」場合に備えて50kg爆弾で爆装していた。

　またそのときまでに、第6軍の戦車師団および自動車化歩兵師団もまたマースリヒトの町を通過し、フルーンホーフェンとフェルドウェゼルトの橋を渡り、西に向かう道路に途切れない奔流となって殺到し始め、ベルギーに向かった。以後数日は多数の連合軍爆撃機が交通の流れを遮断しようと繰り返し試み、自殺に近い捨身攻撃をマースリヒトの橋に対し敢行した。第12飛行隊のフェアリー・バトルによる5月12日朝の攻撃は、搭乗員が戦死した結果、第二次大戦で英国空軍初のヴィクトリア勲章叙勲をもたらした。

　今や重要な橋すべての周囲に対空砲座が設けられ、上空では常に戦闘機が哨戒飛行していたので、ヴァイスの部下のパイロットたちはいくらか遠くの、日に二方面の戦場を飛びまわることができた。そのため、彼らは予想された「強力な」敵戦闘機と最初の小競り合いを記録することになった。それは、彼らがムーズ河に沿ったベルギー軍陣地に対する爆撃に忙殺されていた間に、英空軍第607飛行隊のハリケーンが第5中隊の1機に向け「4連射から5連射」するというかたちで発生した。1機が撃墜されたことになっているが、そのヘンシェルは軽微な損傷を被ったものの基地に帰還した。

　しかし攻勢の北辺における初期のこの集中した活動は、実際はそれに対抗する連合軍地上部隊をベルギーに集中させることを目論んだ一大欺瞞作戦であり、やがて目覚ましい成功を収めたことがわかる。第12軍の5個戦車師団を振り向けた攻勢の主力は、アルデンヌの丘を越え、南のフランスへ向けそのときに発進するはずだった。

一見するとこのHs123は三色迷彩をまとっているようだが、胴体前部の暗色部分は昼の陽光でできた影と信じられている。その影のなかに見える円形の記章から、これは第6中隊機であることがわかる（識別記号「L2＋NP」）。そして、手前に見える元イギリス空軍第142飛行隊のフェアリー・バトル（シリアルL5242）の残骸から、写真は1940年5月16日にフランスのベリー＝オー＝バクで撮影されたことが突き止められた。

　しかし、この強力な軍がなだらかに起伏しているピカルディー平野——海峡沿岸に通じる戦車の運用に理想的な地方——を横断し扇形に展開する前に、フランスのセダンの町近くでムーズ河という越すのが困難な巨大障壁が横たわっていた。そこで、アルベール運河周辺での任務が完了した第Ⅷ航空軍団に支援が要請された。5月12日、フォン・リヒトホーフェンが指揮する飛行隊は第3航空艦隊の指揮下に入り、渡河支援の準備のためセダン地区に移動し始めた。

　第2教導航空団第Ⅱ（地上攻撃）飛行隊は5月12日、フランス軍戦闘機に1機を撃墜されたが、軍団本隊が南へ向かう動きにすぐには追従しなかった。5月13日、フランス軍の2個軽機械化師団をディール線（新たにベルギーに進撃した英仏軍がブリュッセルの東に築こうとしていた、前線に最も近い防衛線）から駆逐する第6軍の第3、第4戦車師団の戦車隊を、同飛行隊のヘンシェルはまだ支援していたのだ。

　翌朝、約15機のHs123編隊が護衛戦闘機を伴い、ルーヴァン近くでディール線の英軍担当地区の攻撃に派遣された。彼らは英国空軍のハリケーン1個飛行隊に迎撃され、ヘンシェル2機が不時着を余儀なくされたが、パイロットは2人とも進撃してきたドイツ軍に救助された。混戦でハリケーン4機が撃墜された。これら4機の英国空軍機はすべて護衛のBf109の戦果と認定された。だがそのうち1機は、実際はヘンシェル1機とその僚機双方からの防御射撃を受けて犠牲になった可能性がある。

　3機目のHs123はルーヴァン南東のティレルモン上空で対空砲火により重大な損傷を被った。パイロットで第5中隊のゲオルク・デルフェル少尉は軽傷

を負ったが逃げ延びた。彼はすぐに作戦出撃に戻ったが、ちょうど2週間後またも負傷し、サン・ポールに不時着を余儀なくされた。1944年にイタリアで戦死するまでに、柏葉騎士鉄十字章を受勲し、航空団司令に昇進する地上攻撃隊の偉大な3名のうちのひとりにとって、これは幸先のよい初陣とは言い難かった。

　5月15日、第2教導航空団第Ⅱ(地上攻撃)飛行隊はゲンブロー間隙の北西を攻撃していた第6軍の戦車隊をデュラス郊外でまたも支援していた。この間隙は実際にはムーズ河とディール河の間の48kmに及ぶ台地で、過去数世紀にわたって侵略軍がフランスに出入する際に使った歴史的な通路だった。しかし1940年の電撃戦は歴史の転換点に達していた。その翌日、同飛行隊は南方のセダン=ヌフシャトー地区にいた第Ⅷ航空軍団本隊へ合流するよう命じられた。軍団全体の新たな任務は、無事にムーズ河を渡った第12軍の戦車師団、自動車化歩兵師団とともに海峡沿岸に向け迅速に進撃することだった。

　5月16日、作戦が敢行される前に男爵ヴォルフラム・フォン・リヒトホーフェン少将とオットー・ヴァイス大尉はともに騎士鉄十字章を受勲した。ヴェルナー・メルダース大尉が同じ勲章を戦闘機パイロットとして最初に受勲するより、丸13日も早かったことは指摘に値することだと思われる。

　来る数日間に第2教導航空団第Ⅱ(地上攻撃)飛行隊へ与えられた任務は、海を目指した競争の先頭をゆくハインツ・グデーリアン将軍指揮下の第XIX戦車軍団の3個戦車師団、すなわち第1、第2、第10師団を常時支援することだった。地上の進撃に勢いがつき始めるに従い、ヘンシェルの支援要請が増えていった。5月19日、20日に彼らはグデーリアンの右辺のドゥエとル・カトー地区に集結した大規模な敵部隊を攻撃して過ごした。

　暴れ回る戦車隊と接触を保ちながら、同飛行隊は占領したフランス国内をずっと動き回った。5月21日、サン・ポールの北西で道路上の敵部隊を機銃掃射したのち、同飛行隊はカンブレーに着陸した。そこでは「専任の護衛」を務めるBf109(ウルチュ大尉の第21戦闘航空団第Ⅰ飛行隊)を伴っており、フォン・リヒトホーフェンの全近接支援部隊で最も前線に近いことがわかっ

「フランスのどこかで」出撃の合間に休養しているHs123の一団。そばでは彼らを護衛する戦闘機の1機、第1戦闘航空団第Ⅰ飛行隊(のちの第27戦闘航空団第Ⅲ飛行隊)に属するBf109Eが、素早い点検を受けている。

た。しかし戦車部隊がふたたび彼らの遥か先を行き（5月10日の夕暮れ直前に、第2戦車師団の先頭部隊はノワイエル近くの海岸に到達した）、まだ歩兵部隊がそれに追いついていないため、ほかの部隊から明らかに孤立した危険な状況が生まれた。

翌朝、脅威が突如現実化した。ハインケル偵察機が飛行場の低空を通過した際に、「敵戦車約40両と歩兵を満載した150両のトラックが、北からカンブレーに向かって前進中」という走り書きを投下していった。フランス軍はまさにこの瞬間とこの場所を選んで反攻を仕掛けてきたのだ。

ヴァイス大尉の飛行隊本部から4機編隊が状況を判断するため、ただちに離陸した。彼らは危険があまりにも明白なことを認識するまで、2分しか飛ばなかった。敵軍はカンブレーから6.5km足らずまで接近！　オットー・ヴァイスはのちに報告している。

「フランス軍戦車はサンゼー運河の南で4個から6個の集団に分かれ攻撃を準備中。さらに運河の北から長いトラック輸送隊が接近中だった」

敵戦車を爆弾と機関銃で攻撃してから、飛行隊本部の4機編隊はすぐに基地へ戻った。ヴァイスは帰還するまでの数分間に無線を使い飛行隊に状況を説明した。彼が着陸するまでに、すでに1個中隊が離陸しつつあった。二番目がすぐに続き……それから三番目が離陸した。そして、こうしたことが連続していった。ヘンシェルは短いが危険な往復出撃を途切れずに続けた。各パイロットは目標に選んだ戦車の横側にできるだけ接近し爆弾投下するよう指示された。もし戦車が完全に破壊されなくても、少なくとも履帯に損傷を与えれば行動不能にできる、という期待があった。一方、第21戦闘航空団第I飛行隊のBf109はトラック隊列の機銃掃射に出撃した。

間もなく半分以上のトラックが炎上した。フランス軍歩兵は地上に降り、攻撃を続行するか否か決め兼ねているようだった。彼らは運河南側の事の結末を明らかに待っていた。そこでは約6両の戦車がやはり激しく炎上し、その2倍以上が行動不能に陥っていた。しかし、残りは今やカンブレーに向け進撃していたのだ。

しばらくは際どい状況だった。幸運にも2門の重対空砲が到着し局面を有利に変えた。ドイツ軍の88mm対空砲は大戦中の最も優秀な砲のひとつに数えられる。それは空中と地上の目標に等しくきわめて有効だった。空と陸からHs123、Bf109、それと88mm砲がカンブレーからフランス軍を撃退した。

他の場所ではフォン・リヒトホーフェンのシュトゥーカ隊が、ベルギーとフランス北東部にいる連合軍部隊を南のフランス軍本隊と分断しているドイツ軍の狭い回廊を遮断しようと試みた、さらに強力な英国戦車部隊を蹴散らしていた。こうした反攻が失敗したため、連合軍部隊の南方への脱出路はかくして効果的に塞がれた。進撃してきたドイツ軍に包囲された英仏軍の大部隊はもはや海峡沿岸に向け退却し撤退を望む以外に、ほとんど選択肢はなかった。

第2教導航空団第II（地上攻撃）飛行隊はダンケルク海岸の撤退を巡る空戦に直接は関与していなかった。その代わりに、彼らは内陸の急速に縮小する連合軍の橋頭堡周辺で、海に向かって撤退する後衛を痛めつけた。たとえば5月26日にはリールの北西にあるアルマンティエールとベルールを通って退却する部隊に対して、数えきれないほど出撃し、それは彼らの翼の下方で敵が退却している、前年秋にブヅラ河沿いで幾度も目撃した情景によく似ていた。

橋頭堡の陥落に続く6月4日（この時点までに33万名以上の連合軍将兵が

これまでのHs123の写真とは異なり、飛行隊本部に属するこの2機が新式のダークグリーン迷彩に塗られているのは明らかだ。しかし両機の国籍標識が異なることに注目。右の機体は1940年制定の規定に則っているが、左の機体は白縁の幅が狭い戦前型の胴体十字のままである。その機体の「緑のA」記号、胴体上部の白帯、それに主翼上面のシェヴロンから、飛行隊長オットー・ヴァイス大尉の乗機であることがわかる。

撤退した)のドイツ軍によるダンケルク占領は、西方における「電撃戦」の最初の局面、「黄色作戦」の終結を印した。計画の二番目かつ最終局面である「赤作戦」(ファル・ロート)は、残存フランス軍の打破を意図してソンム河を越えて南方を攻撃するもので、24時間後に発動された。

　6月5日は第2教導航空団第Ⅱ(地上攻撃)飛行隊にとり、フランス戦を通じて最も多くの犠牲を出した日である。それまでに同飛行隊が喪失したヘンシェルは3機で、ほかに2機が重大な損傷を被っていた。「赤作戦」開始早々の数時間はアミアンでソンム河を渡河する戦車部隊を支援して過ごし、さらに3機が犠牲となった。フランス軍戦闘機が3機すべての撃墜を報じたが、ドイツ軍の記録によると2機はピュイジューの基地に帰還してから廃棄された──おそらく戦闘による損傷を耐え抜いたのだろう。

　このなにやら不安な幕開けにもかかわらず、ヴァイス大尉のパイロットたちは、ドイツ軍部隊が障害となる大きな河を次々と越えて南方に侵攻する間、次第に士気が低下してゆく敵を襲い続けた。6月第2週に飛行隊は、マルヌ河を越えパリを過ぎて南下する第6軍、第9軍の先鋒部隊を支援した。

　6月15日にフランス軍戦闘機により最後となるヘンシェル損失を被ったが、16日には同飛行隊はセーヌ河を渡河する第2軍を支援していた。さらにその翌日はデジョン周辺の道路上の敵部隊を攻撃した。同じ6月17日には、ドイツ軍がヌヴェールでロワール河を渡り橋頭堡を確保した一方で、フランス首相に新たに指名されたペタン元帥は講和要請を放送した。

　フランス戦は事実上終わり、Hs123の戦歴もこれで終了したように見えた。翌週にフォン・リヒトホーフェンのシュトゥーカ隊が、英国海岸で戦う準備のためノルマンディに向け移動し始めたとき、第2教導航空団第Ⅱ(地上攻撃)飛行隊は行動をともにしなかった。

　ヘンシェルは頑丈で積極的な働き者で、最も原始的な草地の飛行場からも作戦でき、重大な損傷を被っても飛行できることを証明した。また彼らは数多い水という障壁で地上部隊に計り知れない支援を与えた。しかし第

VIII航空軍団が直面した次の障害はポーランドの小川、ベルギーの運河、フランスの河川とはまったく異なる、シェルブールとドーセット海岸を隔てる幅112kmの英国海峡である。それは、脚が短い「123 (アインス=ツヴァイ=ドライ)」には決して克服できない障害だった。

英国本土航空戦

オットー・ヴァイスは7月1日付で少佐に昇格したが、彼の飛行隊を率いて再編のためブラウンシュヴァイク=ヴァグムに後退した。「間合わせ急降下爆撃機」、転じて地上攻撃機になったHs123だけが退役に直面したわけではなかった。地上攻撃戦力全体、つまり同飛行隊も解隊の切迫した危機に直面していたのだ！　おんぼろ複葉機の後継機として意図され、始めから地上攻撃用に設計され重装甲を施した双発機、Hs129は1年以上も前に初飛行していた。しかし、それは大きな失望をもたらすものであった。

第2教導航空団第II (地上攻撃) 飛行隊を、Ju87装備の「本物の」急降下爆撃部隊に改編することがすでに論議されていた。第一次大戦の塹壕上空における「地上襲撃機」の成功にもかかわらず、近代戦の趨勢は専門の地上攻撃機を必要としない、と多くの者が感じていた。電撃戦時代の「驚異の新兵器」はJu87シュトゥーカで、それは正確な位置への急降下爆撃だけでなく、低空地上掃射任務においてもすでに能力を誇示していた。そして、後者の意図と目的のすべては地上攻撃任務そのものだった。

それにも関わらず、7月21日にオットー・ヴァイスの中隊長3名全員、つまり第4中隊長の男爵ホルスト・グローテ、第5中隊長のエゴン・ティーム、そして第6中隊長のヴォルフ=ディートリヒ・パイツマイアーのいずれも中尉が、ベルギーとフランスの戦いでヘンシェルが見せたばかりの目覚ましい活躍ぶりを認められ、騎士鉄十字章を受勲したあと、3名全員がすぐに幕僚職に就くため離任したことで、ドイツ空軍唯一無二の地上攻撃部隊が今後も存続する確信はほとんどもてなくなってしまった

結局、ヴァイス少佐の飛行隊はJu87だけでなく、Bf109戦闘爆撃機も装備した。方針変更の理由は知られていない。南イングランド上空で英空軍戦闘機軍団により、シュトゥーカに関する幻想が破られるのはまだ数週間も先のことだった。しかし、メッサーシュミットへの機種転換は第2教導航空団第II (地上攻撃) 飛行隊にとっては幸運な回避措置だったかもしれない。

戦闘爆撃機の登場は地上攻撃にかかわる概念までさらに曖昧にしてしまった。ポーランドと西方の戦いではBf109戦闘機、Bf110駆逐機の両方とも地上掃射任務にも出撃した。そして、その両機種を装備した実験的飛行隊が海峡越え戦闘爆撃作戦のため現に訓練中だった。

第2教導航空団第II (地上攻撃) 飛行隊を戦闘爆撃任務に転向させるため、南ドイツのベーブリンゲンでの再訓練は8月中まで続いた。その結果、「英国本土航空戦」の劈頭には間に合わなかった。その航空戦の初期段階に、それまで常勝していたドイツ空軍はいくらか不快な驚きを受けた。それは、西ヨーロッパにおけるJu87の作戦運用に (少なくとも昼間の作戦に関して) 弔鐘を鳴らし、爆撃航空団に英空軍飛行場やほかの戦略目標を破壊する能力が不足しているのを示すことになった。

それとは対照的に、試験的な第210実験飛行隊 (Erpobbungsgruppe 210) による7月中旬のイングランド南部に対する低空精密戦闘爆撃は、始めから

期待以上の戦果をあげた。第210実験飛行隊の成功で、期待通りの働きをしない戦闘機隊に激怒したゲーリングは、海峡方面に駐留する全戦闘機隊の三分の一を同様な爆装に転換するよう即座に命じた。

　国家元帥の指示に従い装備変更した1個戦闘中隊が、戦闘爆撃任務に出撃した最初のひとつは9月5日に第26戦闘航空団第4中隊により記録された。全機が無事に帰還した。その翌日、第2教導航空団第II（地上攻撃）飛行隊はそれほど幸運ではなかった。

　9月第1週までに、ヴァイス少佐は飛行隊の約35機の新品Bf109E-7戦闘爆撃機を率いて、カレーから40km内陸に入ったサン・トメールへ移動した。そこは5月最後の週に退却する英国欧州派遣軍を追い、彼の率いるHs123隊が攻撃に飛来したまさに同じ場所だった。

　9月6日の午後遅くにオットー・ヴァイスは、部下のパイロットたちにテムズ河口地区の目標に関する状況説明を行った。それは約130km離れており、彼の部下の多くにとっては最も長距離の出撃になるはずだった。しかし、前日の攻撃でまだ炎上しているテムズヘイヴンの油槽が格好の道標（みちしるべ）となるため、航法は問題ではないと彼は保証した。

　おそらく飛行隊長が部下たちに印象づけることを失敗したのは、目標地区の対空防衛網戦力だった。それにより同飛行隊は2機を失った。1機はパイロットが落下傘降下したあとでノア沖の海面に墜落した。2機目はチャタム上空で対空砲火に燃料タンクを撃たれ、海峡を戻ろうと試みたが、ホーキンジに不時着を余儀なくされた。着陸時に興奮著しい飛行場防衛隊により機体はさらに損傷を被ったが、ゴットシャルク曹長の「黄色のC」は英国情報部が入手した爆装可能なメッサーシュミット戦闘機のほぼ最初の見本となった。

　その後何週間、何カ月も天候が許す限り冬中は無論のこと1941年早春まで、第2教導航空団第II（地上攻撃）飛行隊はイングランド南部に対し散発的な攻撃を続けた。サン・トメールとカレー＝マルクから飛び立った同飛行隊の目標は英国空軍基地、石油精製所、鉄道、船舶ドック、そして沿岸を航行する船舶が含まれていた。フランスのヘンシェル隊を護衛するため配備された部隊、第27戦闘航空団の護衛戦闘機が通常は随伴していたにも関わらず、こうした作戦で戦闘により12機かそれ以上の損害を被った。約三分の二のパイロットは幸運にも生き延びたが捕虜となった。

　知られている戦死者4名のうち2名はヴァイスの新任中隊長で、どちらも海面に墜落した。第5中隊長ハンス・ベノ・フォン・シェンク中尉の乗機「黒のS」はエセックス海岸の沖合で海中に没した。それは10月29日にノース・ウィールドに対する低空攻撃の際に、英国空軍のハリケーンに撃墜された3機のうちの1機である。その日は同飛行隊にとってイングランド上空では「最悪の日」となった。そして第4中隊長ハインツ・フォーゲラー中尉は、12月5日に海峡で英国

Bf109戦闘爆撃機の最初の1機が英軍の手中に落ちた際、ヴェルナー・ゴットシャルク曹長の「黄色のC」はファーンバラの王立航空機研究所で綿密に調査された。支持架に載せられた主翼の奥、写真を上端に、航空団不詳の第III飛行隊に属するBf109戦闘機がわずかに見える。

海軍の掃海艇を攻撃中に哨戒飛行していたスピットファイアに撃墜された、と信じられている。彼の乗機「白のC」はカレー=マルクに戻ることができなかった。

　第2教導航空団第Ⅱ(地上攻撃)飛行隊が実施した6カ月間に及ぶイングランドに対する地上攻撃任務は、戦場の陸軍を直接支援するために地上攻撃をする、という言葉本来の意味に合致する点は無論ひとつもなかった。もっとおかしなことは、部隊名称に相変わらず(地上攻撃)が冠されていたことである。多分、ヴァイス指揮下のパイロットたちは、ドイツ陸軍がイングランド海岸に足を踏み入れたら、本来の任務に戻るつもりでいたのだろうか？

　同飛行隊はほかに例を見ないマーキングの組み合わせを、保有するBf109に記入することで、過去から独立した気概をみせ、しがらみに束縛されるという両方を同時に引き続き示した。各機には戦闘機流の機体番号でなく個別記号のアルファベットが記入され、さらに胴体国籍標識の前方には大きな黒い正三角形が描かれた。

　そうした三角は、最初はミュンヘン危機当時の飛行隊機に記入された。その当時、ヴェルナー・シュピールフォーゲル率いる第40飛行隊(フリーガーグルッペ)の一中隊長だった、ヴァイス少佐自身がこの再登場をそそのかした可能性は十分考えられる。

　1940年9月から41年3月までの間にこの三角——せいぜい数リッター

爆弾を搭載したBf109の目新しさはすぐに薄れたため、その後イングランド南部で撃墜された機体のほとんどは、専門家による綿密な調査の対象にならずに、国内で戦争募金を集めるための見世物にされた(通常は1回につき6ペンスだった)。この写真ではプレストンの若い女性2人が、10月5日にサセックス州ピースマーシュに不時着したエアハルト・バンクラッツ曹長の「黄色のM」に控え目な関心を寄せている。エンジン・カウリングの第6中隊マークと黒い三角の前に記入された縦棒に注目。

1940年10月29日に第2教導航空団第Ⅱ(地上攻撃)飛行隊は3機の戦闘爆撃機を喪失した。2機は墜落し、3機目のヨーゼフ・ハーメリング上級曹長の「白のN」はエセックス州コルチェスターの南に胴体着陸した。旗で飾られたダンディーの広場で展示のために組み立てられた際に撮られた画質の劣る写真だが、穴だらけの胴体の弾痕が特に胴体国籍標識と黒い三角の部分ではっきりとわかる。記念品漁りがすでに第4中隊のマークを切り取っている。

の黒色ペンキ——が、もはやほとんどが結果的に絶滅した地上攻撃部隊を外から識別する記号となった。しかし、三角は地上攻撃戦力の正式な識別記号として認められ、生き延びることになる。復活が成されようとしていた。イングランド上空で最後にBf109を喪失してから2週間足らずあとの1941年3月15日に、第2教導航空団第Ⅱ（地上攻撃）飛行隊には単なる識別記号よりも地上攻撃任務に今だ大いに有効であり、遥かに実体のあるものが与えられた。新たに配備されたのは旧式のHs123だった！

chapter 3
東部戦線 1941-43
eastern front 1941-43

　サン・トメール／アルクに駐留していた第2教導航空団第Ⅱ（地上攻撃）飛行隊の勢力は、1941年1月第1週までには出撃可能なBf109がわずか11機まで落ち込んだ。これはドイツ空軍地上攻撃隊の生涯でおそらく大戦中のどの時期よりも低下した瞬間と思われる。しかし、総統による戦略政策の転換はその運勢の反転を導き、地上攻撃隊の出現と、それがドイツ国防軍の最重要兵力のひとつへと拡張する始まりを画した。

　前年秋に予定されていた英国侵攻作戦は今や無期限に延期された。それに代わって、ヒットラーの関心はドイツの伝統的な敵、共産主義者のソヴィエト連邦に向けられた。枢軸国を支持する政府に対するユーゴスラヴィア人民の一斉蜂起が起こり、総統が彼の南東領域を平定するため計画にない望まざる戦いを強いられた時点で、ソ連侵攻の計画はすでに十分進められていた。

バルカン半島
　ユーゴスラヴィアとギリシャ（ギリシャはドイツの同盟国イタリアと戦端を開き、完全に打ち負かしていた）に対する攻撃のため急遽掻き集められたドイツ空軍部隊に、第2教導航空団第Ⅱ（地上攻撃）飛行隊が含まれていた。同飛行隊の機数不足はすぐに好転した。1941年3月末までに彼らの保有するBf109は30機を超すところまで回復した。しかし、来るバルカンにおける戦いは前年の電撃戦の繰り返し、つまり戦場の敵陸軍に対する全面的な攻撃が予定されていたため、メッサーシュミットは同飛行隊傘下の2個中隊だけに配備された。三番目の中隊は地上攻撃任務に関しては信頼の置ける古兵で、このとき退役から二度目の現役復帰を果たしたHs123をふたたび装備した。

　それに加えてまったく新しい中隊、第2教導航空団第10（地上攻撃）中隊が編成され、やはり「123（アインス=ツヴァイ=ドライ）」を装備した。二中隊を合計するとヘンシェル32機を擁し、ほかの中隊のBf109を加えると同飛行隊は来る戦いに参加を予定する飛行隊のなかで、ふたたび数字上は最強と

なった。またもフォン・リヒトホーフェン大将率いる第Ⅷ航空軍団の指揮下に入った第2教導航空団第Ⅱ（地上攻撃）飛行隊は、4月第1週までにブルガリアへ移動した。飛行隊の本隊はブルガリアの首都に近いソフィア=ヴラジデブナに駐留し、第10中隊だけは第2急降下爆撃航空団の一部とともにクライニキの近くに駐留した。

　1941年4月6日の早い時間に決行された「マリタ」作戦は、敵飛行場と国境防衛に対する激しい攻撃を伴う真の電撃戦形式で始まった。おそらく、実施後間もないイングランド南部に対する海峡越え戦闘爆撃任務で長距離飛行に慣れていたためと思われるが、同飛行隊の一部のBf109パイロットは戦術的地上支援作戦の狂暴性と緊急性に隙を突かれたように見える。その前の対空砲火による損傷の直接的結果かどうかは確認できなかったが、少なくとも3機が基地に戻る途中で墜落した。

　「マリタ」作戦の開戦日にはヘンシェルも1機を喪失した。第10中隊のハネンベルク軍曹はとりわけ不運だと考えられている。それというのも、損害に耐える能力で名声を博した彼の頑丈で小さな乗機は、ユーゴスラヴィア軍のライフルから発射された、たった1発の弾丸で撃墜されたのだ！

　このあまり幸先がよくない地上攻撃戦への復帰にも関わらず、同飛行隊のBf109とHs123は真の地上攻撃作戦において次第に真価を発揮した。報じられた敵の孤立したどんな部隊をも爆弾投下と機銃掃射で降伏または退却に追い込み、友軍の進路を切り開いた。彼らが支援に当たった部隊は戦車と機械化歩兵ともに古馴染みの戦友で、前年春にアルデンヌから出撃してほとんど抵抗を受けずにフランスを横切り突進したフォン・リスト将軍の第12軍だった。今回も第12軍は同じ戦術を繰り返し、敵が背後を横切って三方に分岐し散ってゆく前に奇襲効果に期待し、ブルガリア・ユーゴスラヴィア国境に沿った山岳地帯の渓谷を戦車部隊が縫うように進んだ。

　北における第2軍の大攻勢と連携したこの動きは、ユーゴスラヴィアの命運を決定づけた。4月17日にベオグラードで休戦協定が締結された。こうして背後からの反攻の脅威を除去し、フォン・リストの左辺の部隊は南方へ向かう自由を得て、ギリシャに向って進撃し始めた。

　ギリシャ軍と一緒に戦っていたのは英軍とカナダ軍部隊で、11カ月前に低地諸国を助けるため英国欧州派遣軍がベルギーへ急遽進撃したのとほぼ同じく、北アフリカから支援のため派遣された。多分予想がついたことだが、結果は同じだった。到着とほぼ同時に新たに加わった軍は守勢を強いられ、それから退却した。

　第2教導航空団第Ⅱ（地上攻撃）飛行隊のパイロットたちは、あわてて設営した防衛線から次へと退却する敵部隊に対し途切れることなく襲いかかった。連合軍はクレタ島か地中海を横断しエジプトまで撤退するための船舶が待機しているはず、と保証されていたギリシャ南部の海岸へ到達を試みていた。

第2教導航空団第Ⅱ（地上攻撃）飛行隊が海峡方面から南東ヨーロッパに移動したとき、以前の戦域マーキングをバルカン戦線のマーキングに合わせて修正する必要はほとんどなかった。一部の機体は胴体中央部に細い黄色の帯を巻いたと報告されているが、胴体下面の爆弾ラックにSC50を4発吊り下げたこの第5中隊機、「黒のH」には記載されていない。

4月26日、同飛行隊のBf109はコリント運河に架かる橋への接近路を機銃掃射した。ギリシャ南端のペレポネソス地方へ通じる唯一の道路であり、降下猟兵の1個連隊が鋭く切り立った運河の上高くに架かったその橋を占領するよう、命じられていた。撤退用に予定していた浜辺6カ所のうち3カ所がペレポネソス地方にあった。

降下部隊は任務達成に失敗したものの、防衛側が橋を爆破したことで連合軍の退路は効果的に断たれた。それにも関わらず、5万名を超える英軍、カナダ軍兵士がほかの浜から引き揚げ、その多くはクレタ島防衛の加勢にまわった。

そして、その翌月のクレタ島占領を目指したきわめて大胆な空挺攻撃作戦は成功裏に終わったが、第2教導航空団第Ⅱ(地上攻撃)飛行隊はヒットラーの「バルカン道草」作戦の最終行動には参加しなかった。またしても同飛行隊のヘンシェルは敵ではなく、地形に敗北した。ギリシャ本土の南端からクレタ島北端までの距離はほぼ正確にノルマンディ～ドーセット間の距離と等しかった。英国本土航空戦の緒戦に第2教導航空団第Ⅱ(地上攻撃)飛行隊が参加するのを112kmの開けた海が阻止したのは、後知恵を承知でいえば多分幸運だった。今、同様な障害がバルカン戦の最終段階への参加を妨害した。

しかし、それはドイツ空軍地上攻撃隊の作戦に立ちはだかった海という障害では最後となった。なぜなら、第2教導航空団第Ⅱ(地上攻撃)飛行隊はすぐに本国を経由して北方に移動し、史上最大の地上攻撃作戦、つまりソ連侵攻作戦に参加する準備に入ったのである。地上攻撃隊が現下の1個飛行隊規模から強力な戦力へと発展し、そして過去最大の戦果をあげ……やがて最終的な敗北を被るのは、東部戦線の大半を占める、広大で河川が網状に入り組んでいるが、渡河可能な陸地の上空だった。

■ バルバロッサとその後
Barbarossa and its Aftermath

ソヴィエト連邦に侵攻する前夜、第2教導航空団第Ⅱ(地上攻撃)飛行隊は

東部戦線の飛行場から離陸するため埃を巻き上げながらタキシングするBf109E-7。SC10 10kg爆弾の束4本を搭載している。複数の出版物によると、この機体は第2教導航空団第4(地上攻撃)中隊長アルフレート・ドルシェル中尉の「白のA」といわれており、中隊マークの背後が白く塗られていることに注目。

ドイツ占領下のポーランド最北部で、リトアニア国境のすぐ南のプラシュニッツ（プラシュニキ）に駐留していた。保有機は38機のBf109E（37機出撃可能）に加えて、22機のHs123（17機出撃可能）で構成されていた。このとき、ヘンシェルはあとから追加され拡張された第10中隊に全機が配備されたようである。

　同飛行隊は相変わらずフォン・リヒトホーフェン将軍の近接支援専門の第VIII航空軍団に属していたが、同軍団の大半の部隊はクレタにおける戦いを勝利で終えたのちに、当該地域へ最近移動したばかりだった。そしてフォン・リヒトホーフェンの軍団は、来る東方での戦いの中央戦区で地上作戦の支援任務を課せられた、第2航空艦隊の打撃力を担う2つの航空軍団の片割れだった。

　第VIII航空軍団に課せられた任務は第3戦車集団の4個戦車師団、3個機械化師団を空中から支援することだった。第3戦車集団は「ソ連の首都モスクワの手前にある最後の大要塞」スモレンスクにできる限り早く進撃する前に、ソ連占領下のポーランドとベラルーシの国境地帯にあるすべての敵陣地を粉砕するよう命じられていた。

　350万名ものドイツ軍とその同盟軍がバルト海から黒海までの長さ約3000kmの戦線に散らばるというその広大さにも関わらず、ソ連侵攻作戦「バルバロッサ」[神聖ローマ皇帝フリードリヒI世のあだ名]は以前の電撃戦の公式に沿って発動された。そしてそれが意味するところは、何よりもまず敵空軍戦力の無力化であった。

　バルバロッサの開戦当日に敢行された66カ所のソ連軍辺境飛行場に対する猛烈で大きな被害を与えた地上掃射攻撃で、第2教導航空団第II（地上攻撃）飛行隊のパイロットたちは重要な役割を果たした。残念ながら彼らの達成した戦果の詳細に関する記録は残っていないようだが、1941年6月22日が終わるまでに相当な戦果をあげたことは間違いない。ソ連空軍が喪失した総数は1811機で、322機が撃墜された上に1489機という膨大な機数が地上で破壊されたのである！　こうした戦果に驚愕したのはドイツ空軍最高司令部（OKL）も同じで、当初は認めることを拒絶し、その後に実施された地上からの調査でその正確さが立証されてやっと結果を受け入れた。

　損失が甚大だったにも関わらず、ソ連空軍はまだ報復爆撃を実施しようとしていた。しかしそれらへの対処は戦闘飛行隊に任せ、第2教導航空団第II（地上攻撃）飛行隊は本来の任務に専念しようとしていた。第3戦車集団の支援である。

　地上での出来事は正しく計画通りに進行した。1週間以内に赤軍の4個軍約50万名が、ビアリストクとミンスク市街の周辺における戦車部隊による一大挟撃で包囲された。この4個軍の制圧は東部戦線最初の大会戦となった。空では第2航空艦隊の所属機が長さ350kmに及ぶ「ミンスクの大釜」を哨戒し、何か動

自分たちの担当する機体に燃料と爆弾をたっぷりと補給して、出撃の準備が整うと、地上要員はパイロットの到着を待つまでしばし休息時間を得られた。敵の空襲に対してはほとんど警戒していないように見える、これらのHs123には、以前は中隊マークが記入されていた部分に歩兵突撃章がステンシルで記入されている。

第2教導航空団第Ⅱ(地上攻撃)飛行隊の隊員で1941年8月21日に騎士鉄十字章を受勲した3名が、公式の叙勲式が終了したあとで彼らの司令官の周囲に集まり、気楽に歓談しているところ。左から順に飛行隊長オットー・ヴァイス少佐、アルフレート・ケラー上級大将(第1航空艦隊司令官)、背中をカメラに向けているゲオルク・デルフェル中尉(第5中隊長)、ヴェルナー・デルンブラック中尉(第6中隊長)、そしてブルーノ・マイアー中尉(第10中隊長)である。

きがあればさっと襲いかかった。第10中隊のヘンシェルはこうした作戦で特に成功し、それは30万名を超えるソ連軍の降伏と6月30日にベラルーシの首都ミンスクを占領して終えた。

ミンスクはスモレンスクを経由しモスクワに至る長さ690kmの幹線道路の西端に位置していた。ドイツ軍先鋒部隊はこの道路のほぼ中間にあるスモレンスクを7月16日に占領した。地上を横に並んで驚異的な速度を保って進撃した結果、敵対行動に起因して破壊された機体を置き去りしていったが、頑丈さに欠けるBf109でそれが顕著だった。それは第2教導航空団第Ⅱ(地上攻撃)飛行隊の戦力と出撃可能機数に重大な影響を及ぼしつつあった。バルバロッサの開戦劈頭に出撃可能54機を数えた同飛行隊は、7月26日(この日さらにメッサーシュミット2機を喪失)までにわずか14機へと落ち込んだ。

戦力が低下した状態にもかかわらず、第2教導航空団第Ⅱ(地上攻撃)飛行隊は8月初めに第Ⅷ航空軍団のほかの飛行隊とともに、戦線の北方地区に移動した。そこではイルメニ湖とラドガ湖周辺の作戦に従事し、孤立したレニングラード(現・サンクトペテルブルグ)に向かう第4戦車集団の進撃を支援した。ヴァイス少佐の中隊長4名全員が騎士鉄十字章を受勲したのは、北方戦区にいた8月21日のことだった。その勲章は、このとき同飛行隊を指揮下においていた第1航空艦隊の司令官、アルフレート・ケラー上級大将自らが授与した。遡ること1940年7月に同じ勲章を受勲した直後に同飛行隊を離任した中隊長3名とは異なり、今回の受勲者であるデルフェル、デルンブラック、ドルシェル、マイアーの四中尉はいずれも地上攻撃隊部内で主要な地位に昇進することになる。

9月末近くにフォン・リヒトホーフェンの第Ⅷ航空軍団は中央戦区に呼び戻され、モスクワの北西にあるカリーニンを目指した第3戦車集団の進撃を支援する前に、その都市の正面のブリヤンスクとヴィヤジマを巡る2つの激

戦に加わった。

　しかしカリーニンは、首都に対する圧力を緩和するため主要な反攻を仕掛ける地点として、すでにソ連軍に選定されていた。2つの軍隊は真っ向から激突し、激戦で1個戦車師団が降伏し、カリーニンの飛行場自体が脅かされる事態を迎えた。10月第3週までに悪化する秋の天候は地上攻撃機としてのBf109の欠点をすでに明らかにしつつあった。そこで、オットー・ヴァイスのHs123が適切に援助の手を差し延べた。

　前年のカンブレーでの戦闘を彷彿とさせる活躍で、「123 (アインス＝ツヴァイ＝ドライ)」は彼らの基地を攻撃するソ連軍戦車と歩兵に対し切れ目のない反復攻撃を敢行した。飛行場の地面の泥が詰まるのを防ぐため車輪カバーを撤去し、猛烈な雨が降りゾッとするほど視界が低下したなかで、高度50mあたりの低空を飛行することもたびたびあった。その頑丈で小さな複葉機は4日間にわたって圧力をかけ続けた。敵が最終的に撃退されるまで、彼らは赤軍の兵員と車両におびただしい出血を強いた。

　それは注目に値する勝利だった。宣伝省はすばやくその機会をとらえて戦闘の詳細を、「優勢な敵の蹂躙をわずか1個飛行隊が阻止し、自分たちの飛行場やそこに駐留するほかの多くの部隊を救った」と放送した。飛行隊長は特に称賛された。同飛行隊の顕著な功績が認められ、「カリーニンのライオン」というあだ名が奉られたヴァイス少佐は大いに困惑したが、部下のパイロットたちが密かな冗談の種にしたのは疑いない。

　1941年10月21日から24日にかけてカリーニン防衛戦に出撃したことは、第2教導航空団第Ⅱ (地上攻撃) 飛行隊に相応しい挽歌となった。同飛行隊は11月から12月の途中までモスクワ郊外に向け進撃する地上軍の支援に戻ったが、春にヒットラーがバルカンへ軍隊を派遣した真のツケがここで回って来始めた。

　バルバロッサ作戦の本来の計画では冬が到来するずっと以前にモスクワ占領が目論まれていた。しかし、ユーゴスラヴィアとギリシャの戦いに介入し作戦の発動が遅れた結果、最初の雪が降り始めたときにドイツ軍部隊はまだソ連の首都に到達していなかった。来る数ヵ月間のゾッとする冬の厳しさに

「ライオン、ローヴァーと出会う」。「カリーニンのライオン」の異名を持つヴァイス少佐が大きなジャーマン・シェパードと握手をしている。オットー・ヴァイスは1941年12月31日に柏葉騎士鉄十字章を受勲した。

東部戦線最初の冬は兵員にも機材にもある種荒々しい衝撃を与えた。これは個別記号以外は何も部隊マークを記入していないBf109E初期型が、SC50 4発を満載し、離陸のためエンジンを全開にしているところ。

直面するには、彼らは準備不足で装備も不適切だった。

　モスクワから西に約80km離れたルザ河に近接した基地から作戦を続行するのは、頑丈なヘンシェルでさえもほとんど不可能なことがわかった。吹雪に見舞われたり気温がマイナス30度Cから35度Cぐらいまで下がった場合には、機体は大抵地面にしっかりと固定された。そして赤軍が極東から新手のシベリア師団を投入しモスクワ周辺で再度反攻を仕掛けたとき、バルバロッサの早期終結に関するどんな望みも遂に打ち砕かれた。塹壕を掘りじっと坐って春を待つ以外、ドイツ軍の前線部隊にほとんど選択肢はなかった。

　1941年の年末は第2教導航空団第Ⅱ(地上攻撃)飛行隊にとっても終末を迎えた。しかし、過去3年間に単独で地上攻撃隊旗を比喩的にも、文字通りの意味においても揚げ続けた同飛行隊は、解隊でなく最初の地上攻撃航空団の中核に据えられるため、ドイツに呼び戻された。そしてオットー・ヴァイス少佐は、――全戦歴の大半を同飛行隊を率いて過ごし騎士鉄十字章を受勲した最初の地上攻撃隊パイロットだったが――、1941年12月31日に地上攻撃隊初の柏葉騎士鉄十字章受勲の栄誉に浴した。その直後の1942年1月初めに、彼は新編部隊の航空団司令に任命された。

　第2教導航空団第Ⅱ(地上攻撃)飛行隊のドイツ国内の目的地は、ドルトムントの東で戦前は戦闘機用飛行場だったヴァールである。そこにヴァイスは第1地上攻撃航空団(Schlachtgeschwader 1、略称はSchlG)本部を置き、彼の第Ⅰ飛行隊、つまり第1地上攻撃航空団第Ⅰ飛行隊を構成する基礎として第2教導航空団第Ⅱ(地上攻撃)飛行隊は改編された。第Ⅱ飛行隊はリプシュタット近くのやはり戦闘機が長期間使っていた飛行場でほとんどゼロから編成された。

　ヴァイスは部下の比較的経験豊富なパイロット達を二分して両飛行隊に配した。アルフレート・ドルシェル大尉が第1地上攻撃航空団第Ⅰ飛行隊長に任じられ、ヴェルナー・デルンブラックとゲオルク・デルフェルの両中尉が、各飛行隊の先任中隊長としてそれぞれ第1中隊と第5中隊を率いた。しかし、元第51爆撃航空団の爆撃機パイロットだったパウル=フリードリヒ・ダルイェス大尉が新任の第Ⅱ飛行隊長に着任した。

　第1地上攻撃航空団は主にBf109Eを装備したが、つい最近発揮された過酷な環境下での何物にも代えがたいHs123の真価から、両飛行隊は多数の

頑丈なHs123は荒々しいロシアの気候によりうまく適応した。写真の4機編隊のうち3機は車輪カバーとタイヤの間に雪や氷が詰まるのを防ぐため、カバーを外している。

撮影の正確な日時と場所は判別できないが、赤軍荷馬車隊が空からの攻撃を受けている最中をとらえたこの写真は、モスクワに向け進撃中の地上軍を支援した第2教導航空団第Ⅱ(地上攻撃)飛行隊のパイロットたちが目撃した状況を活写している。

老いぼれヘンシェルもまた装備した。それらの機体は最近解隊された第2教導航空団第10（地上攻撃）中隊、あるいは訓練部隊から引き揚げられてきた。

ヴァイスの新編航空団には3番目の機種も追加された。それはHs123の代替として意図された双発機で、アルグスAs410エンジンを搭載し1939年初めに初飛行したときは無残な失望をもたらしたが、その後フランス製のグノーム・ローヌ空冷星型にエンジンを換えていた。そのエンジンさえも理想からはまだ遠く、Hs129は相変わらず飛行性能は貧弱で後期型のJu87シュトゥーカより鈍速な上に、航続距離が短く、機動性がよいとはとてもいえなかった。[Hs129Aが搭載したAs410A-1とHs129Bが搭載したグノーム・ローヌ14Mの離昇出力はそれぞれ465PS（メートル馬力）、700PSだった。またJu87D-1の最高速度は高度4100mで410km/h、最大航続距離は機内燃料のみで820km程度に対して、Hs129B-2は高度2000mで最高速度350km/h、最大航続距離は機内燃料のみで570km程度だった]

しかし、Hs129は重武装と重装甲を兼ね備えていたため、新編の二中隊、第1地上攻撃航空団第4（対戦車）中隊（4.(Pz)/SchlG1）と同第8（対戦車）中隊（8.(Pz)/SchlG1）に配備された。対戦車と冠していることからわかるように、

Hs129初期型は東部戦線へは1942年に登場した。地上攻撃部隊を示す黒い三角の記入位置と操縦席直後の部隊マークに注目。離陸中の機体（「青のG」?）のマークは、斧を振るう熊を描いた元第2教導航空団第5（地上攻撃）中隊のようだが、駐機している機体に記入されたマークは一見すると、第2教導航空団第4（地上攻撃）中隊の「ミッキーマウス」の変型に見える。

胴体の黒い三角と同様に、多くのHs129は機体の外側に装着されたReviC 12/C反射式照準器の前方に、歩兵突撃章をステンシルで記入していた。

この2個中隊は専門の戦車キラー部隊として運用が意図されていた。Hs129はエンジンの問題を抱えてはいたが、後期型では胴体下面に装備した大口径対戦車砲と成形炸薬徹甲爆弾を含む特殊な兵器をさらに導入し、実際に強力な対戦車兵器として発展することになる。

しかし、初期量産型の重大な不具合によりドイツ空軍への配備は遅々として進まず、当初は第1地上攻撃航空団第4（対戦車）中隊だけに配備できた。同中隊は1942年4月中旬にようやく定数16機全部が充足された。配備が予定されていた第8（対戦車）中隊は、4月最後の週に同航空団のほかの部隊とともに東部戦線へ出発する前は、Bf109Eを装備して「通常の」地上攻撃中隊として可動、と報告されている。

1942年春の赤軍に対する攻勢は、1941年遅くにやむを得ずそれが打ち切られた場所に戻って再開された。しかし新しい年は東部戦線の戦略的指向先の変更を伴った。北方戦区のレニングラード封鎖は続行することになった。だが中央戦区では、ドイツ陸軍はすでにモスクワ占領を視野に入れてはいなかった。1942年の攻勢の主目標は遥か南にあるカフカスの油田地帯に変更する、と総統は宣言した。

それ故、第1地上攻撃航空団はルールから東南東に2200km離れたクリミアに進出するよう命じられた。途中のその季節には珍しい悪天候のため到着は遅れたが、同航空団は5月6日にグラマチカヴァの飛行場でフォン・リヒトホーフェン大将の査察を受けた。将軍は第VIII航空軍団への復帰を歓迎した（多くの元第2教導航空団隊員にとって、それはもちろん、ふたたび「家に帰る」ことだった）。フォン・リヒトホーフェンの軍団は南方戦区の全航空作戦を担当する第4航空艦隊に属していた。

グラマチカヴァはケルチ半島の付根に位置していた。そのクリミアの最東端部は1941年遅くにドイツ軍に占領されたが、冬半ばの奇襲反攻で赤軍にすぐ奪還された。今やそこをふたたび占領しなければならなかった。

第1地上攻撃航空団第II飛行隊の大半の若いパイロットたちにとって、ケルチ半島占領までの2週間の戦闘が東部戦線での戦火の洗礼となった。経験は安心の足しにはまったくならなかった。第VIII航空軍団のシュトゥーカがソ連軍の前線陣地を爆撃する一方で、第1地上攻撃航空団は道路と鉄道双

方の補給線を攪乱するためと、報告を受けたほかのどんな動きの兆候に対しても攻撃するため、敵の背後深くまで出撃した。しかし、ソ連陸軍はもはやバルバロッサの開戦数カ月間の組織化されず戦意の低い軍隊ではなかった。第Ⅰ飛行隊の古参隊員でさえもが、ソ連兵が今や一歩も引かずに大砲から小火器までさまざまな武器を彼らに向けて撃つことに驚かされた。半島先端にあるケルチの町がついに陥落した5月21日までに、両飛行隊は敵の激しい対空砲火で多くの損失を被った。

しかし、狭いケルチ海峡を横断しカフカスへの門戸が開くとすぐに、ドイツ軍が意図した攻勢の機先を制するソ連軍の、ハリコフ市街を脅かす強力な反攻に対処すべく、同航空団は内陸に急遽派遣された。攻勢の無力化を主目的に発動された反攻だったが、赤軍は初めて大量の戦車部隊を先鋒に進軍し、その規模と速度にドイツ軍司令官たちは驚愕した。

ハリコフ市街から15km離れたハリコフ＝ロガンの新しい基地から、第1地上攻撃航空団は東部戦線で過去最大の戦車戦に巻き込まれた。新たに到着した第1地上攻撃航空団第4（対戦車）中隊がソ連戦車部隊と初めて戦火を交えたのは、この重大な局面の最中だった。しかし同中隊のHs129はまだ実力が未知数で信頼性にも欠けることから、ハインツ・フランク中尉率いる第1地上攻撃航空団第3中隊の「エーミール」[Bf109Eのこと]が敵の攻撃を撃退する際に目覚ましい働きを示した。

それは際どい競争だった。ソ連戦車はいったん同航空団の飛行場の10km以内まで接近したが、ソ連軍が採ったドイツ軍攻勢阻止戦術が鈍ったことから、ヒットラーの大胆な1942年夏期攻勢である「青作戦（ファル・ブラウ）」発動のための障害が除かれた。「青作戦」は二重の狙いをもっていた。第1は大規模な挟撃行動によりドネツ河とドン河の間で敵部隊を捕捉し殲滅する。それから南に駒を進め最終目標のカフカス油田地帯に向うというものであった。

作戦の規模自体が破滅の原因だった。敵が次第に戦力を増強させ自信をつけてきたときに、ドイツ軍部隊は幾分広く展開し過ぎた。総統はまだ戦いの全般的戦略を命令し続けたかもしれないが、戦術的主導権は彼の地上軍の支配から離れ始めた。

同じことは戦場の上空でもいえた。ドイツ空軍部隊の戦力が広範囲に薄く分散する機会が増えていった。ハリコフ周辺の戦闘の最終段階に参加して、ドネツ低地のスラヴィアンスクに下り市街の南のイズウム地区に集結した敵部隊に対し「途切れない集中した」低空攻撃を敢行したのち、第1地上攻撃航空団は6月上旬にロガンに戻り、ソ連軍後方の通信網と補給線に対する攻撃を再開した。

それから6月24日にヴァイス少佐は同航空団を率いて北のクルスク近くの大草原に移動した。4日後に「青作戦」が発動された。同航空団はそこから、最初の挟撃行動の左辺を担当する第4戦車軍が東のドン河上流のヴォロネジ市街への到達を目指す

「万事果敢ナ決断ト迅速ナ行動ガ肝要　ゲッベルス博士」。ハリコフ周辺の戦闘で重要な役割を果たした第1地上攻撃航空団第3中隊長のハインツ・フランク中尉は、のちにドイツ空軍の広報誌『アドラー（鷲）』の英語版に採り上げられた。フランクの写真には宣伝省によってヨーゼフ・ゲッベルス博士の言葉が引用されている。聴衆をしばしば熱狂に駆り立てた博士の巧みな弁舌とは、実際のところこんなに陳腐な文句だったのだろうか。それともこの場合は、翻訳により何かが失われたのだろうか？
[ゲッベルスの言葉は英語の諺 "A good beginning is half the battle."（万事始めが肝要）にかけたものかもしれない]

東方における戦いが1年経過しても、参加する地上攻撃部隊の呼称が変わった以外にほとんど変化はなかった。1942年夏の作戦で主力はまだBf109Eが担っていたが……

……頑丈な「123」が加勢していた。これはヘンシェルが次の出撃に向けて燃料の補給を受けているところである。

進撃を支援した。のちにヴァイスは回想する。

「ほとんど漆黒の闇のなかで、我々は乗機のエンジンを始動させた。前の機体の排気管から出る炎に導かれ、1機また1機と離陸地点に向けタキシングしていった。朝日が昇り始めた0500時直前に、第Ⅱ飛行隊全部が離陸しヴォロネジに向かった。

「我々が出発した直後に一斉砲撃が始まった。前線全体にわたって並んだ大砲の砲口から炎が吹き出るのを見ることができた。上空からはまるで点滅する街路灯の連なりのように見え、それ以外の点では平和で眠気を催すような風景だった」

平和に満ちていたのは見かけだけだった。数分以内に第1地上攻撃航空団第Ⅱ飛行隊のBf109Eは、定められた目標のソ連軍砲兵隊列に爆弾を投下していた。それから彼らは基地に戻る前に敵陣を機銃掃射し、途中で多数の車両や地上兵を銃撃した。

一方地上では、「青作戦」は伝統ある模範的な電撃戦の最新版のようだった。しかし、大戦半ばのこの時期に至り欠陥が見え始めた。国防軍の予備兵力を増大する一方の兵力要求が凌駕する明らかな印があった。たとえば、第Ⅷ航空軍団唯一の偵察専門中隊はもっと緊急な任務にたびたび駆り出されたため、今や第1地上攻撃航空団のパイロットは自分たちの攻撃任務に出撃する前に、偵察飛行を頻繁に要請された。

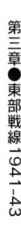

いくらか歪んではいるが、基準に適った矢形編隊を組んで基地に帰還するHs123の一団。地上勤務員たちは見上げることもせず仕事についている。飛行場防衛の20mm 4連装対空砲に注目。

第1地上攻撃航空団第8中隊のドメラツキ上級曹長は、地上の目標を攻撃するよりも、ソ連空軍機と空中戦をする方がずっと好んだ。この写真では、1943年1月5日に20機撃墜と420回出撃の功で受勲した騎士鉄十字章を佩用している。

もはや地上攻撃隊に戦闘機の護衛を受ける贅沢は許されなかった。そこで自らを守るために何かほかのものを用意する必要がたびたびあった。事実、開戦早々から地上攻撃機が敵機を撃墜することはしばしばあったが、それらはたまの好機を逃さなかったにすぎない。ソ連空軍パイロットは同航空団の爆弾を抱えた地上攻撃用Bf109Eが、ドイツ空軍のBf109F戦闘機より組みし易いカモと見て特に目標と定めたため、今や偶然は必然に変わった。

第1地上攻撃航空団の隊員の多くは心情的には戦闘機乗りになりたかったため、空中戦の機会に巡り合うのを歓迎した。多分第8中隊のオットー・ドメラツキ上級曹長ほどそう思っていた者はいなかっただろう。下士官仲間のヘルマン・ブーフナーは大戦終盤にMe262ジェット戦闘機に転換するまでに地上攻撃機パイロットとして46機を撃墜するが、ドメラツキと一緒の初期の出撃を次のように回想する。

「私はオットーの僚機として飛ぶのを何度か許された。親分（中隊長カール・ディリス中尉）はそう頻繁には飛ばなかったので、その組み合わせはまったく嬉しかった。オットーから多くを学ぶことができて、私にはまったく都合がよかった。彼は最高に素晴らしく飛行し、狡猾で、多くの事柄を考えて攻撃した。しかし彼は僚機の繁栄は気に掛けなかった。君は監視を怠るでない。さもないと君は死者になるだろう！

「彼は職人だった。もし彼が敵機を発見したら、弾丸のようにそれらのうしろから追いかけ、爆弾を投下し、攻撃に好ましい位置へまっしぐらに向かった。彼は常に高度の優位性を確保する生まれついての真の戦闘機乗りだ。最初私は彼の行動を予測し、機動についてゆくのがずっと難しいと知った。しかし、私の親分は空中では決して敵機を追い求めなかったので、それは真近かでオットーの最初の撃墜を目撃した者の特権だった。それは私が戦闘機学校にいた頃に夢想したようなあざやかな撃墜だった。

「飛行隊長（パウル・フリードリヒ・ダルイェス少佐）は、オットーが何時も爆弾を投下して空中戦をしたがるのをまったく喜ばなかった。結局、我々の本業は地上の目標を攻撃し、戦場の友軍を支援することだ。しかしそれにも関わらず、また飛行隊長の訓戒にも関わらず、オットーは何時もそうした。彼はほかのことはできなかった。彼は真の狩人としての情熱と素質をもった、生まれついての戦闘機乗りだった」

しかし、地上の敵部隊だけでなく空中の対戦相手にとっても危険人物となる新種の地上攻撃機パイロットが出現したならば、古い守備隊にとっても変革のときを迎える。オットー・ヴァイス少佐はポーランド戦の最中からずっとドイツ空軍地上攻撃隊の実戦指揮官を事実上務めてきたが、7月に「地上攻撃隊並びに急降下爆撃隊査閲監」（Inspizient für Schlacht-und Zerstörerflieger）に任命された。

地上攻撃隊と急降下爆撃隊を並置したこの奇妙な任務は、ドイツ空軍地

上攻撃部隊の増大する寄せ集めがいかに複雑化したかを示しているように思える。地上攻撃隊と急降下爆撃隊は長い間基本的に同じ任務に携わってきた。大戦に突入してから、彼らに戦闘爆撃部隊と高速爆撃隊の2つが加わった。英国本土航空戦では、長距離護衛戦闘機という本来の任務がたいそう悲惨な結果に終わった双発の駆逐機も、今や地上攻撃機に分類された。

識別名の混乱（それと指揮系統の違い。急降下爆撃隊は爆撃隊総監の支配下にある一方で、地上攻撃隊は戦闘機隊総監に支配されていた！）にも関わらず、ずっと変化しない物がひとつあった。地上攻撃機の原型で頼り甲斐のあるHs123は引き続き戦列に止まった。東部戦線では「兵長」という新たなあだ名さえつけられたが、それはおそらく下位の身分と長い戦歴に対する賛辞ではなかろうか？

7月27日付の第1地上攻撃航空団の現有戦力報告書にはわずか6機のヘンシェルが記載されていた。その4日後、第7中隊長ヨーゼフ・メナパツェ少尉が600回目の出撃を記録したとき、ヘンシェルのうちの1機を使ったことに疑う余地はない。翌月の8月20日、「バツィ」・メナパツェはそのときまでに650回出撃を達成しており、同航空団隊員として初の騎士鉄十字章受勲の栄誉に輝いた。

スターリングラード

このころまでに地上の戦いにはいくらか革新的な変化が起こりつつあった。「青作戦」の意図した巨大な挟撃行動は実現に失敗した。赤軍師団は罠から逃れ、スターリングラード[現・ヴォルゴグラード]に向け撤退し、それにぴったりとくっついて第6軍が追撃した。第6軍は挟撃行動の右辺を構成し

ドメラツキよりさらに多くの出撃を重ねた（650回以上で、すべてHs123を使った）第1地上攻撃航空団第7中隊長のヨーゼフ・メナパツェ少尉は、1942年8月20日に騎士鉄十字章を受勲した。この写真で彼は愛機ヘンシェルの脇に立っている。機体に記入された各種マーキングのなかに、急降下爆撃隊と地上攻撃隊ではさほど珍しくはない習慣だが、戦死した戦友の名前が含まれている。メナパツェは第1地上攻撃航空団第1中隊長を大尉で務めた1943年10月6日に、プリピャチ沼沢地で乗機Fw190を対空砲火に撃墜され戦死する。

た。一方ヒットラーは第4戦車軍を南のドン河の河口近くにある都市ロストフに向わせたが、もう一度心変わりし、戦車隊をスターリングラードの方向でもある北東方向に戻るよう命じた。ドン河はアゾフ海の北側沿岸を支配しカフカスに下る主要路であった。

ヴァイスが離任して以来、第1地上攻撃航空団はフベルトゥス・ヒッチホルト少佐が指揮した。これ以前の彼は第2急降下爆撃航空団第I飛行隊長を務め、それから第1急降下爆撃学校の校長を歴任していた。同航空団はヴォルガ河の近くにあるスターリンに因んで名づけられた都市に通じる道をまったく回り道せずに追いかけたが、今や総統はその都市を主要な獲物と定めると宣言していた。第4戦車軍の先鋒がヴォロネジの西の外れで7月中旬に止められたのちに、同航空団は最初は南東のカメンツ=ポドルスク地区に移動した。そこから八月上旬にスターリングラードから南西に240km離れたタジンスカヤに移った。

当時タジンスカヤには第VIII航空軍団の司令部が置かれており、その隷下部隊はドン河の湾曲部を横切り進撃する第4軍を支援するのが任務だった。そこはドン河が大きく東に蛇行しヴォルガ河とスターリングラードに50kmの距離まで最接近する地点を含む、広大な平原だった。夏の真っ盛りで、ドイツ軍部隊が乾いて埃っぽい地形を重い足取りで横切っているとき、第1地上攻撃航空団のパイロットたちは摂氏60度にも達する操縦席で休みなく飛び、一部の者は日に8回から9回も出撃を重ねた。

空からの切れ目ない襲撃にも関わらず、赤軍部隊は8月中旬までにカラチで渡河しドン河湾曲部からの撤退をほぼ命令どおり完了し、スターリングラード郊外から48km足らずの地点に下がった。ダルイェス少佐の第1地上攻撃航空団第II飛行隊はその翌日にカラチ地区に進出した。ドン河を越えて橋頭堡を築いた地上軍を支援したのち、両飛行隊はヴォルガ河西岸に沿って約20km広がったスターリングラードに矛先を向けた。

総統は次第に我慢できなくなってきた。8月19日、スターリングラード占領まで1週間の猶予を第6軍に与えた。「その都市は8月25日までに占領されねばならぬ」と彼は命じたが、ソ連の独裁者イオーシフ・スターリンはどんな犠牲を払っても死守することを決意していた。捨て身の抵抗に直面し、スターリングラード内側の最初の防衛線を第24戦車師団が無力化するのに8月30日までかかった。そのあと続いた特筆すべき戦いは軍事史上最大の惨事のひとつとして記録された。11月下旬にその都市の北と南から同時に反攻が敢行され、ソ連の少なくとも6個軍に包囲され本隊から切り離された第6軍は、最後は市街の通りをひとつひとつ、人家を1軒ずつ攻略し、退路を切り開いた。だが、ドイツ軍主力の前線がヴォルガ河のかなり手前まで押し返され次第に孤立が深まると、1943年2月2日に、飢えに苦しむ生き残りの25万名が最終的に降伏するまで、包囲された第6軍は冬中ずっと信じられないほどの苦難を味わった。

乾燥した草地の2つの飛行場、つまりカラチの西のツソウとフロロウに駐留していた第1地上攻撃航空団はこの悲劇の幕開けに深く関わっていた。8月後半と9月中ずっと、同航空団のパイロットたちは日の出から日没までスターリングラード爆撃に出撃した。彼らの目標は130km以上も彼方だが、街の廃墟から立ち上ぼる煙と埃は上空2000mあたりまで達し、遠くからでも見ることができた。それはまた、次第に機数を増していく防衛側のソ連軍戦闘機

ヨーゼフ・メナパツェはこの1942年9月後半に撮影された、第1地上攻撃航空団で最も成功したパイロット4名のスナップ写真にも写っている。左から順にゲオルク・デルフェル中尉（第5中隊長）、アルフレート・ドルシェル大尉（第Ⅰ飛行隊長）、ヨーゼフ・メナパツェ、そしてハインツ・フランク中尉（第3中隊長）である。

にとっても誘導灯の役目を果たした。

　今やすっかり馴染みとなったポルカリポフ戦闘機とラグ戦闘機以外に、武器貸与法でアメリカから供与されたソ連軍のP-40戦闘機と、第1地上攻撃航空団は初めて交戦した。この空中での抵抗を補強する措置と、空前の数の対空砲火が地上に集中配備されたことが相俟って、スターリングラード上空の出撃は危険に満ちたものに変化した。しかし最大の衝撃を与え、晩夏から初秋にかけての集中した作戦に終止符を打ったのは、同航空団の支配が及ばない自然環境だった。

　降り始めた雨が9月の埃を10月には泥に変じ、やがて気温が急に下がり吹雪が始まるとそれは固く凍結した。冬が厳しさを増すに従い燃料保有量は危険なまでに低下した。前線に届いたわずかな燃料は輸送機に必要とされた。それはスターリングラードへ補給品を空輸し続けることを必死に試みたが、徒労に終わった。ドイツ軍の主力がスターリングラードから押し返されるに従い、飛行距離は延びていった。そして、破壊された同じ建物の別々の階をドイツ軍とソ連軍が占拠するというような近接戦闘の性質から、都市の壊滅的な廃墟では目標の分離と識別が困難なために、効果的な地上攻撃任務の達成はほとんど不可能だった。

新たな機種の導入

　11月から3月までの間は飛行に適した天候が平均して10日に1日しか期待できなかったため、冬場の作戦出撃は最小水準まで低下し、空いた時間は最終的に再編のために使われた。主車輪間隔が狭いBf109は、特に胴体下面に爆弾ラック、翼下面に機関砲ゴンドラなどを装備した場合、東部戦線の平坦でなく未開の草地飛行場よりの運用には、理想からほど遠いことが以前から認識されていた。最近海峡方面で戦闘爆撃任務に使われたフォッケウル

デブリン＝イレナに新品のFw190が数えきれないほど多く並んだこの有名な写真は、最初にプロパガンダ用の写真誌『ジグナル』にカラーで掲載された。各機体のスピナー先端、個別記号、それと部隊マークの背景には赤が塗られていた。しかし赤は東部戦線では好ましくない色だったため、これらの機体が（おそらく第1地上攻撃航空団第6中隊に属し）実戦に参加する前にその部分は除去されるか、塗り直された。

フFw190は、その間隔の広い主脚が荒れた地面からの運用により優れていることから完璧な代替機となった。空冷星型エンジンの前面に装着された防弾リング［オイル・クーラーとオイル・タンクを防護する防弾板のこと］もまた敵の対空砲火に対し防御力を増していた。これに対し、多数のBf109が冷却系統に1発被弾しただけで最期を迎えた。そしてFw190は地上攻撃隊の通常の作戦高度である中・低高度において最高の性能を発揮した。

　ヒッチホルト少佐の部隊は一度に1個中隊が順にポーランドのデブリン＝イレナに後退し、フォッケウルフに転換した。転換は晩秋に始まったが、ゆっくりと進み、すべて完了したのは1943年4月末だった。

　その間に同航空団からさらに5名の隊員が騎士鉄十字章を受勲した。まず最初は、1942年9月3日に第1地上攻撃航空団第3中隊長ハインツ・フランク中尉が500回以上実戦出撃を達成した功で受勲した。フランクは第2教導航空団第Ⅱ（地上攻撃）飛行隊に属しポーランド戦に参加して以来、ケルチとハリコフの戦闘に決定的な役割を果たした。10月14日の次の受勲者2名は第Ⅱ飛行隊長パウル・フリードリヒ・ダルイェス少佐と、じきに第8中隊長に任命されるハンス・シュトルンベルガー少尉だった。シュトルンベルガーは460回

同様に新品だがこちらのFw190に使われた黄色にそうした問題はなかった。しかしこの章の始めで紹介したHs129の写真と同様に、やはり地上攻撃隊の黒い三角の位置に注目されたい。この標識の記入位置は単に任意ではなく、部隊内で各中隊、あるいは各飛行隊、もしくは中隊と飛行隊を識別する手段として使われた、と多くの出版物が主張している。それで、(もし『ジグナル』のカラー写真の部隊マークがそう示しているのだとすると)第1地上攻撃航空団第Ⅱ飛行隊のFw190に赤い文字が記入されていたならば、これらの機体は第Ⅰ飛行隊の、なかでも第3中隊に属することになるのであろうか？

第1地上攻撃航空団第8中隊のもうひとりの空中戦エクスペルテは、まもなく中隊長に昇進する、ハンス・シュトルンベルガー少尉で、1942年10月14日に20機撃墜の功で騎士鉄十字章を受勲した。シュトルンベルガーの戦歴は英国本土航空戦の最中の第2教導航空団第Ⅱ(地上攻撃)飛行隊から始まり、第10地上攻撃航空団第8中隊長として敗戦を迎えることになる。

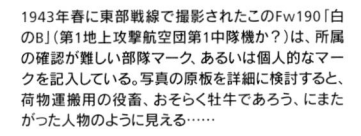

1943年春に東部戦線で撮影されたこのFw190「白のB」(第1地上攻撃航空団第1中隊機か？)は、所属の確認が難しい部隊マーク、あるいは個人的なマークを記入している。写真の原板を詳細に検討すると、荷物運搬用の役畜、おそらく牡牛であろう、にまたがった人物のように見える……

出撃と20機撃墜の功績が認められた。

　忠誠を尽くすオットー・ドメラツキもやはり1943年1月5日に、シュトルンベルガーと同じ20機撃墜と彼より40回少ない出撃回数を達成した功で同じ栄誉に輝いた。最後に4月7日には、第1地上攻撃航空団第1中隊長にその日任じられたばかりのヨハネス・「ヨニー」・マイニケ少尉が最近のスターリングラード周辺での戦闘多数を含む400回以上出撃を達成し受勲した。マイニケは第Ⅰ飛行隊本部付技術将校を長期間務めていた。

　さらに加えて、もっと高位の勲章も4つ授与された。500回以上の出撃を達成し1942年9月に騎士鉄十字章を受勲したハインツ・フランクは、すぐに200回以上の出撃を重ね1943年1月8日に柏葉騎士鉄十字章を受勲した。それから3カ月後の4月14日にゲオルク・デルフェル大尉が600回以上の出撃を達成し、やはり柏葉を受勲した。デルフェルは最近第1地上攻撃航空団第Ⅰ飛行隊長に任命されたが、彼の前任者は剣付柏葉騎士鉄十字章を受勲した最初の地上攻撃隊パイロットとなった。そのアルフレート・ドルシェル大尉は600回出撃の功で1942年9月3日に柏葉章を受勲していた。さらに100回出撃を重ねて1943年2月19日に剣章を受勲した。それは少佐に昇格し、ヒッチホルト少佐から同航空団の指揮を引き継ぐちょうど1カ月前のことだった。

　第4航空艦隊の戦闘序列に第1地上攻撃航空団全体が再登場するのは1943年5月のことである。相変わらず2個飛行隊編制(それと戦車狩りが専門の2個中隊)のまま東部戦線の前線に復帰したが、同航空団は100機を

大幅に越える機数を擁した恐るべき戦闘部隊になっていた。5月中旬には、ドルシェル少佐の拡大された航空団本部は6機のFw190で構成され、さらに67機のフォッケウルフと32機のHs129が傘下の2個飛行隊にほぼ等分に配備されていた。

　多分驚くべきことは、第1地上攻撃航空団第II飛行隊にまだ12機のHs123が在籍していたことであろう。しかしさらに驚異的なことは、1942年7月に第4航空艦隊司令官に昇進したフォン・リヒトホーフェン元帥が、航空省にその旧式な複葉機の生産再開の要望を最近具申したという事実である！　地上攻撃任務を先導する専門家が示した真剣さは、この提案が「123（アインス＝ツヴァイ＝ドライ）」がいかに必要不可欠な機体となったかを示している。しかし航空省が指摘したように、製造用ジグと工具は遡って1940年にすべて廃棄されたため、提案は非現実的だった。それでもやはり、残されたヘンシェルはさらに数カ月間現役に止まった。

　Hs123の軍歴は終わりに近づいたかもしれなかった。しかし、東部の戦地を支配し始めた、増加の一途をたどる赤軍戦車と戦うことができる機種の、緊急かつ増大する必要性は依然としてあった。そのひとつの回答はやはりヘンシェルが設計したHs129だったようだ。それは相変わらずエンジンに問題を抱えていたが、すでにかなり多くの戦車を破壊していた。それ故、既存の地上攻撃

……しかし、こちらのFw190のカウリングを飾っているのが第II飛行隊のミッキーマウス（白丸の中に記入）なのは間違いようがない。左主脚が折れ、曲がったプロペラ羽根からわかるように、着陸事故後のエンジン撤去作業中である。

部隊マークをまったく記入していない「黒のA」（第1地上攻撃航空団第2中隊に所属か？）は、Bf110やJu52/3m輸送機と共用している前線飛行場で次の出撃に備えて待機している。SC50爆弾4発を装着できる胴体下面のER4ラックが空なのに注目。

Fw190の導入後も、旧式だが頑丈なHs123は戦い続け……

……最新のマーキングが記入された。この爆弾を満載した機体の個別記号は、タキシング中のパイロットに道案内をするため右翼へ座った整備兵で隠されている。しかし、胴体国籍標識後方の戦闘機流の横棒は第Ⅱ飛行隊の所属であることを明確に示している。

隊の対戦車中隊に加えて、東部戦線の全戦闘航空団にHs129を装備した自前の対戦車中隊を追加することが提案された。だがその結果、わずか1個中隊、すなわち第51戦闘航空団第10（対戦車）中隊だけが編成され戦闘に参加した。

　問題を解決するためのもうひとつの企ては、1942年遅くにレヒリンで対戦車戦闘実験隊（Versuchskommando für Panzerbekämpfung）を創設したことである。この実験部隊の任務はHs129以外の機種のために強力な対戦車兵器の試験をすることだった。その部隊は4個中隊から成り、2個中隊は口径37mmのBK3.7機関砲2門を主翼下面に装備したJu87、それとBf110、Ju88を装備した中隊が1個ずつであった。Bf110は胴体下面にBK3.7を1門装備して流線形のカバーで覆い、Ju88は大きくかさばる口径75mmのPaK40対戦車砲を前部胴体下面に装備した。

　Bf110の第110対戦車中隊（Panzerjägerstaffel 110）、そしてJu88を使った第92対戦車中隊（Panzerjägerstaffel 92）の実地試験はどちらも不満足な結果に終わった。PaK40を抱えたJu88は特に扱い難く、あるパイロットは乗機の機首とエンジン・ナセルの外板が後座する砲の反動で定期的に吹き飛ぶんだと、いまだに回想する！　そ

の結果、機首とプロペラが補強されたが、それ以降は追加対策として防弾板で防護されたエンジンの内側ナセル外板を、いつも梱包用の麻紐で縛り付けていた。

　それとは対照的に、Ju87の翼下面に装備した37㎜砲はソ連軍戦車に対しきわめて有効だった。2個実験中隊、すなわち対戦車戦闘実験隊第1中隊と同第2中隊は、1943年6月以降は正式に対戦車中隊と改称され、それぞれ1個ずつが第1急降下爆撃航空団と第2急降下爆撃航空団に、前線の戦車キラー専門部隊として追加された。

　その当時第2急降下爆撃航空団第1中隊長を務めており、試験機の1機を実戦で飛ばす機会があった人物は、新兵器の可能性をすぐに認めた。かくして、BK3.7を装備したJu87Gは、全急降下爆撃パイロットのなかで最も有名で成功したハンス＝ウールリヒ・ルーデルが大戦の残りの期間に選んだ機種となった。

　戦場で部隊の数が急速に膨張した赤軍には、兵站上の補給品も相応して増加する必要があった。敵の背後での補給線破壊は第一次大戦の時代から地上攻撃隊により演じられた伝統的な役割のひとつだった。しかし、交通量の多さと長距離という東部戦線の宿命から、その任務は以前にも増して爆撃隊の負担となった。

　多数の爆撃航空団がいわゆる鉄道中隊(Eisenbahn Staffel)を編成した。He111を装備した部隊では、鉄道を目標に低空地上掃射する

Hs123と同様、Ju87もまたコンドル軍団時代にまで遡る戦歴をもつ。しかしヘンシェル機と異なる点は、ユンカースの急降下爆撃機の設計はスペイン時代から大幅に発展したことである。そしてその最新型Ju87Gは強力なFlaK18(BK3.7)37㎜砲2門を翼下に装備し、東部戦線において最強の戦車キラーのひとつであることを証明する。

特製のタングステン弾芯37㎜弾薬帯を、Ju87Gの右翼下面の機関砲に装塡する兵装係。

第3爆撃航空団の電光をあしらった部隊マークが記入されたJu88C-5重戦闘機。同航空団のウード・コルデス少尉は「機関車キラー」として大いに成功した。1943年春にソ連軍後方の補給線を哨戒し、1日で機関車6両を、ときには列車を編成する車両すべてを破壊した。

ため通常は機首に武装を追加しただけのHe111で出撃した。Ju88装備の部隊は列車破壊任務のために20mm機関砲を多数装備したJu88C重戦闘機を使うことができたので、それよりいくらかましだった。そのなかで最も偉大な使い手のひとりが第3爆撃航空団第9(鉄道)中隊(9.(Eis)/KG3)のウード・コルデス少尉である。「列車殺し」の異名をもつコルデスは、1943年春のある短期間に機関車41両だけでなく、燃料輸送列車2本と弾薬輸送列車3本を含む列車19本を破壊することに成功した。所属部隊が解隊されたのち、コルデスは大戦終盤の数週間、ある地上攻撃飛行隊でFw190を飛ばしていた。

　大戦最後の2年間は、配備機数からいっても、出撃回数においても東部戦線で支配的な地上攻撃機はFw190だった。それはすべての期待を満し、あらゆる要求に応じただけでなく、それ以上の働きを示した。異なった環境下でそれは戦いの推移にはっきりとした影響を十分に及ぼした。

　しかし、東方における力の均衡がゆっくりと、しかし取り返すことのできないままソ連側に移り始めたときに、Fw190が戦場に到着したのは不運だった。スターリングラードの反攻後にドイツ陸軍は、あるものは大規模、あるものは小規模であったが一連の反攻の目標とされた。その結果、ドイツ軍はロシアから追い出され東ヨーロッパ諸国をまっすぐ横断して、ベルリンの心臓部にまで押し返されることになる。地上攻撃飛行隊は地上軍とずっと一緒の道筋で戦った。その間に彼らはいくつかの目覚ましい個人戦果をあげ、局所的な成功

しかし、東部戦線における地上攻撃戦で主力を担ったのはFw190だった。従来記入されていた目立つ黒い三角を(ソ連空軍の注意をあまりに引きつけすぎたため)すぐに廃止して、戦闘機風のマーキングに変えたこの2機は第Ⅱ飛行隊の所属機である。どちらも250kg爆弾を搭載し、夏の埃に対処するためサンド・フィルターを装備しており、離陸に備えてエンジンの回転を上げているところ。伝統を保つためにすべての出撃に際し、まだ飛行隊旗を掲げている。

を収めることになる。しかしあらゆる努力と犠牲にもかかわらず、彼らの試みは単に退却の過程を引き伸ばしたに過ぎなかった。それでも次のことはいえるだろう。すなわち、多くの場合に退却が敗走に変わるのを阻止したのは地上攻撃隊の直接介入だけであった。

　ヒットラーの東部戦線における三度目で最後となる夏期攻勢は、根本的な変化が起きたことを目に見える証拠で示した。この最新の作戦はバルバロッサでの「青作戦」でもなく、敵戦力の一掃を意図したそれ以前の大規模な電撃戦とも違った。その狙いはソ連軍の次の反攻を未然に防ぎ、もし可能ならば敵のさらなる進撃計画を阻止する、あるいは少なくとも遅らせることにあった。

　ソ連側は以前に失った広大な領土をスターリングラード以来6カ月間ですでに奪還しており、とりわけ赤軍がドン河とドネツ河を横断し怒濤の如く押し返した南方戦区と中央戦区で顕著だった。しかしソ連軍の進撃速度は一様ではなかった。そして両戦区の境界に近いクルスクの周辺で、固く握り締めた巨大な拳がドイツ側前線に約160kmも深く突き出たような、大きな突出部ができつつあった。

クルスク戦とその後

　「ツィタデレ」［城塞という意味］作戦は、この突出部とその内部と周辺に集結した推定14個の戦車軍団を含む赤軍部隊に対し、北辺と南辺から同時攻撃を敢行しそれらを排除するのが目的だった。その結果発生した、ドイツ軍2700両対ソ連軍3600両の戦車隊の激突は軍事史上最大の戦車戦となった。

　それはまたドイツ空軍が一丸となってソ連陸軍部隊に対し出撃した最後の機会でもあった。東部戦線のドイツ空軍全戦力の70パーセントに相当し、合計2000機余りに達する軍用機をクルスク突出部の両側に集結させるため、戦線のほかの全域からやせ細るまで戦力が抽出された。北辺は第6航空艦隊が、南辺は第4航空艦隊がそれぞれ担当した。

　第4航空艦隊に隷属する部隊として、ドルシェル少佐は増強されたFw190

アルフレート・ドルシェル少佐が乗機Fw190の座席背後にある装甲板のてっぺんに心地好く座り、地上要員たちと話をしているところ。写真に写った細部からこの機体は、カラー図版17と同様のシェヴロンと横棒を組み合わせた、戦前の航空団司令標識を記入しているようだ。

前頁のFw190と同じく、Hs129も1943年春までには目立つ黒い三角を消し、第Ⅱ飛行隊記号の横棒が取って代わった。この情報が手助けとなり、写真の機体（「青のK」?）が「ツィタデレ」作戦に参加した2個の第8中隊の一方に属するということがわかる。

装備の2個飛行隊を率いて、7月初めに突出部の南辺に近いヴァルヴァロフカに移動した。その地区にはHs129装備の4個中隊、つまり第1地上攻撃航空団第4（対戦車）中隊と同第8（対戦車）中隊、それと新たに地中海方面から到着した第2地上攻撃航空団第4（対戦車）中隊と同第8（対戦車）中隊もまた展開していた。これら専門の対戦車部隊は「ヴァイス対戦車特別隊」（Panzerjagdkommando Weiss）として現下は親部隊から独立して作戦し、「地上攻撃隊並びに駆逐隊査閲監」オットー・ヴァイス中佐の直接の指揮下にあった。最後に、やはり第4航空艦隊に隷属していた第2急降下爆撃航空団は、第2急降下爆撃航空団対戦車中隊（Pz.JägerSt./StG2）という名称の、戦車キラーJu87Gを装備し最近まで実験部隊だった新編中隊を擁していた。

　突出部の北辺に展開したドイツ空軍対戦車戦力はさほど十分ではなく、わずか3個中隊だけだった。それらはHs129装備の第51戦闘航空団第10（対戦車）中隊に、それまでは実験部隊である対戦車戦闘実験隊に属していたJu87G装備の第1急降下爆撃航空団対戦車中隊と、まだBf110を装備していた第1駆逐航空団対戦車中隊（Pz.JägerSt./ZG1、元の第110対戦車中隊）が加わった。

　「ツィタデレ」作戦は目的だけでなく、実施にあたっても通常の敵飛行場に対する夜明けの攻撃を止めたことで、伝統的な電撃戦とは異なっていた。1943年7月5日に敢行された攻撃は午後の半ば、公式には1500時まで発動されなかった。砲列の一斉射撃が始まる10分前に、第4航空艦隊の5個急降

クルスクの南辺では、「ヴァイス対戦車特別隊」という臨時の部隊名の下にHs129装備の4個中隊が作戦した。この写真は「地上攻撃隊並びに駆逐隊査閲監」のオットー・ヴァイス中佐（左）が、「ヴァイス対戦車特別隊」指揮官ブルーノ・マイアー大尉（中）からパイロットたちを紹介されているところ。

パイロットたちが製造番号141862の水平尾翼を、次の出撃に向けて詳細を検討するため地図を拡げるのに手頃なテーブルとして使っている……

……一方、整備員は姉妹機の製造番号141859（「青のD」？）のエンジンを回している。ソ連空軍が頻繁に来襲したため、今やドイツ空軍は分散駐機を強いられていることに注目。最も近い機体でも水平線上のほんの点のように見える。バルバロッサの開戦劈頭の段階における、指示は混乱し機体が密集した前線飛行場の風景は遠い過去の出来事になった。

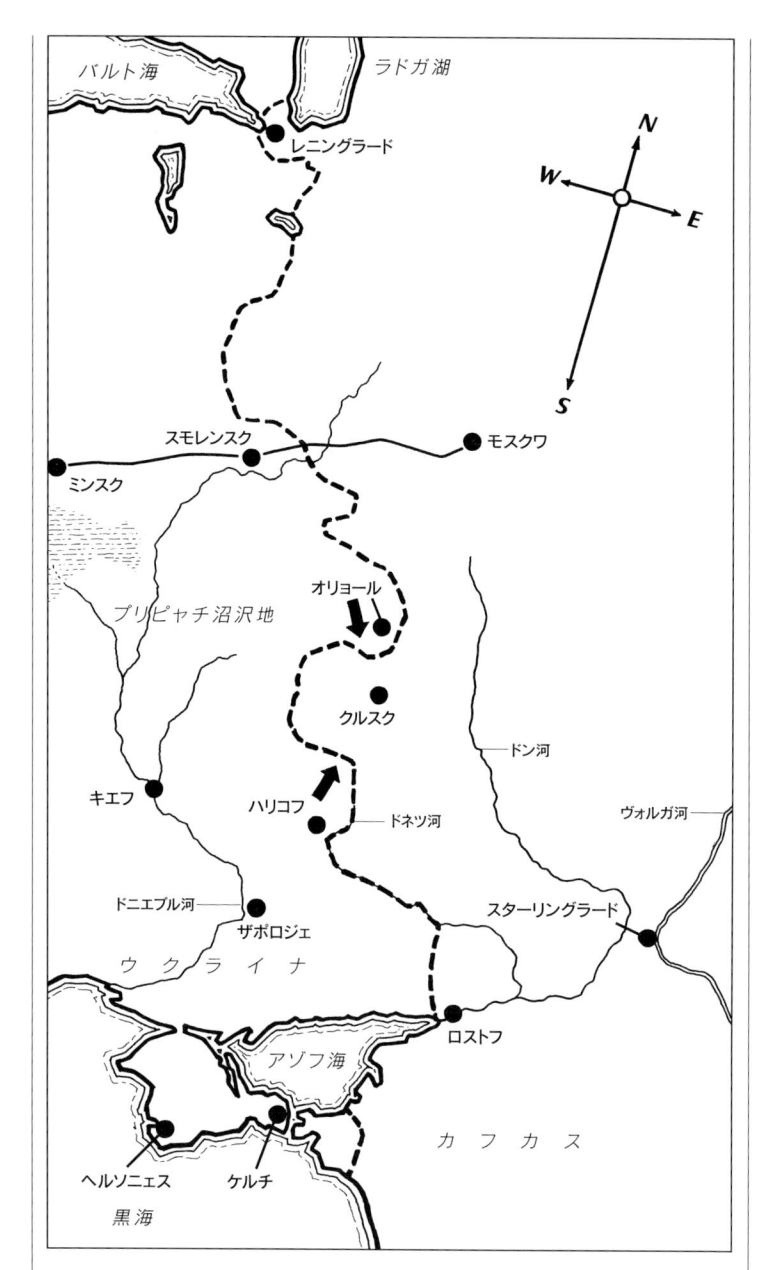

「ツィタデレ」作戦が発動された1943年7月5日時点における東部戦線の前線位置（破線で示している）。

　下爆撃飛行隊が南辺のソ連軍の前線防衛線に約3kmの間隙を開ける手筈になっていた。
　クルスクは最初で随一の戦車戦だった。しかし突出部には戦車部隊よりも多くの赤軍歩兵師団がいた。それ故、Fw190の当初の任務はSD1、SD2対人集束爆弾を使い敵の歩兵と砲兵陣地を攻撃することだった。ソ連戦車隊の集団との戦闘はHs129装備の中隊に任された。そして、その任務で彼らは大きな戦果をあげた。
　たとえば戦いの3日目に、ヴァイス対戦車特別隊の指揮官ブルーノ・マイア一大尉はHs129の3機編隊を率いて飛行中、第4戦車軍の露出した右辺を朝霧を隠れみのに使い進む、歩兵の支援を受けたソ連軍T-34戦車の長い隊列

あらゆる困難にもかかわらず、出撃は減少することなく続いた。Hs129の3機編隊が東部戦線南方戦区でどこかの飛行場の低空を高速飛行している……

を発見した。

　マイアーはただちにミコヤノフカの基地を無線で呼び状況を報告し、同部隊の各16機のヘンシェルを保有する4個中隊に、順に離陸し敵戦車隊を連続攻撃せよと命じた。3年前に第2教導航空団第Ⅱ（地上攻撃）飛行隊のHs123がカンブレーで成功させた戦術だったが、今度も失敗しなかった。第1地上攻撃航空団のフォッケウルフに支援され、ヘンシェルはソ連軍部隊に対し1時間にわたって攻撃を続けた。すべてが終わりHs129が現場を離れるまでに、胴体下面に装備した30mm砲の徹甲弾で敵戦車50両以上が破壊され、残りは逃走した。

　さらに目覚ましい個人戦果は、あるパイロットが一日でT-34を12両も破壊したことである。そのずば抜けたパイロットはハンス=ウールリヒ・ルーデルで、まだそのときは公式には第2急降下爆撃航空団「インメルマン」第1中隊長だったが、すでに同航空団の対戦車中隊から借りたJu87Gを飛ばしていた。ルーデルは主翼下面に装備した2門の37mm機関砲の戦車破壊能力を発揮することに熟練していた。

　突出部の北辺でもやはり3個の対戦車中隊が敵戦車を相手に相当な戦果をあげていた。ある出版物ではクルスク戦に参加した赤軍戦車のほぼ半分をドイツ空軍が破壊した、とさえ述べている。しかしそれにも関わらず、地上戦は予定通りには進行しなかった。ソ連側はドイツ軍攻勢を事前に知っており、ドイツ陸軍が攻撃を意図した場所である突出部の付け根を、それに対応して正しく戦力増強していた。

　この付け根は北から南に約195kmの幅があり、北から攻撃する第9軍と南からの第4戦車軍の2つの攻撃部隊はたがいにおよそ半分の距離を進撃し、クルスクの街近くの中間地点で出会うことが期待されていた。すると、西に突出した内側のソ連軍を遮断することができる。結局、第9軍は南方にわずか16kmだけ進出できたにすぎず、一方で第4戦車軍の部隊は侵攻開始地点からちょうど40km北に進出して止められた。

　7月10日にシチリア島に連合軍が上陸したためヒットラーの注意が一時的に東部戦線から逸らされたことが、事態を悪化させた。そして3日後に赤軍が第9軍の背後のオリョールに対し反攻を仕掛けたとき、総統はまったく関心を失い、「ツィタデレ」作戦の即時中止を命じた。

　東方における戦いの真の転換点は、スターリングラードの敗北でなく、こ

の主導権喪失にあった。今やソ連の61個(!)以上の軍がバルト海から黒海に至る東部戦線に沿って展開し、彼らの対戦相手が突然の防御に回った有利性を存分に生かす準備をしていた。以後6週間にわたって、オリョールと第9軍の包囲を目的とした10回もの反攻が個別に企てられた。

第4航空艦隊の出撃可能な地上攻撃機全部がオリョール地区へ集結するよう命じられたとき、ソ連軍戦車隊はすでに第9軍の補給線を手酷く痛めつけていた。ツィタデレ戦直後の余波でドルシェル少佐の第1地上攻撃航空団は34機のFw190とブルーノ・マイアーの双発ヘンシェルは27機、そしてまだ残っていた第1地上攻撃航空団第7中隊のHs123は6機にまで減少していた。第9軍司令官ヴァルター・モーデル上級大将から第6航空艦隊司令部に送られた、感謝の念を表明する以下の電文がはっきりと示しているように、機数は多分少ないが、赤軍戦車隊の大波が第9軍を飲み込もうと脅かすのを監視する助けには充分だった。

……一方、破壊不可能に思えるほど頑丈なHs123の4機編隊は、進撃してきた赤軍に対しまたも攻撃に向かう。

「地上軍の助けを借りることなく、軍事史上初めてドイツ空軍は完全装備の戦車旅団を押し止め、撃破することに成功した」

戦線の全域にわたってソ連軍の圧力が増し、新たな反攻がすぐに続いたとき、惨事が切迫するある地域から次へと部隊を急遽派遣する。来る数カ月間にドイツ空軍がそうした戦術を採らざるを得ない機会は次第に増えていくことになる。オリョールのあとで第1地上攻撃航空団はハリコフ＝ロガンに戻った。そこではクルスク南部にソ連軍最新の圧力が加わりその町が包囲され8月23日に占領された過程で、地上軍に蹂躙されるのを際どく逃れることができた(本シリーズ第9巻「ロシア戦線のフォッケウルフFw190エース」の43頁を参照)。

それに加えて、ずっと南のアゾフ海沿岸に近いスターリノに至るドネツ河流域全体が別の強力な反攻で奪還されていた。ヘルマン・ブーフナーがふたたび回想する。

「ミウス河に沿って全域が打ち破られた。草原を横断し西方に怒濤の如く進撃する戦車、車で移動する歩兵に騎兵部隊までいたが、そうした敵に対し、我々は日の出から日没まで出撃し続けた。ある段階でイヴァン[ソ連軍あるいはソ連兵のこと]の戦車の一隊が歩兵を乗せて真っ直ぐ我々の飛行場に向っている、と報告があった。

「炊事要員、事務要員といった連中みんなが、兵装の再装備、燃料の補給、それに我々を飛ばし続けるのを手伝った。我々パイロットは離陸を繰り返す間に、コーヒー1杯を飲み食物を口いっぱいに頬ばる時間すらほとんどなか

った。我々は歩兵を20mm機関砲で派手に蹴散らし、戦車は50kg徹甲爆弾で攻撃した。終わりに近づくと各出撃の所用時間は離陸から着陸まで20分以内になった。

「最後の敵戦車は飛行場東端に達する直前で停止させられた。日が沈んでも残骸から煙がまだ立ち上ぼっていた」

　この二度目の脱出後、第1地上攻撃航空団は9月上旬に休養と再編のためキエフに撤退した。しかし容赦ないソ連軍の圧力のため、同航空団はじきに戦闘に復帰した。ウクライナの首都に迫る赤軍の先鋒部隊に対するだけでなく、敵の前線から約200kmも背後にあるコノトプ周辺のソ連軍飛行場にも低空攻撃を敢行した。

　1943年9月中旬にドイツの南方戦域軍の大半を占める3個軍は、戦力がドニエプル河東側を防衛していた前線から965kmも後方に戻り始めた。ドニエプル河の西岸に防衛線を張るため約100万の将兵がキエフとザポロジェの間の河に架かる6本の主な橋を渡って後退し、「軍事史上最も大胆な退却」といわれた。

　地上軍が橋を渡って撤退する際にソ連軍の襲撃から防御する手助けのため、第1地上攻撃航空団はこの650kmに及ぶ新たな防衛線(「東方の壁」と名づけられた)の背後で、ほぼ中央に位置するキロヴォグラードに移動した。しかし空中では大幅な数的劣勢を強いられた。そのため、Fw190のパイロットはソ連空軍のラーヴォチキン戦闘機やヤコヴレフ戦闘機、そしてたまにスピットファイアの供与機といった襲撃者の一団との空中戦に巻き込まれてゆくと、地上部隊には自らの力で身を守ることにさせて、爆弾をたびたび投棄した。

　同航空団にとって最後となった騎士鉄十字章受勲が報じられたのはドニエプル戦線のこの時期だった。9月19日、第1地上攻撃航空団第5中隊長カール・ケネル中尉は、約500回出撃に加えて28機撃墜(その多くは戦歴の初期に駆逐隊に属していた間の戦果)の功でこれを受章した。そして10月9日

この写真からFw190の広い主車輪間隔がよくわかる。第1地上攻撃航空団第I飛行隊本部の「緑のL」は、胴体下面のラックにアダプターを介して50kg爆弾を満載し、相当大きな街に近い駐機場をタキシング中。

には第7中隊長ギュンター・ミュラー少尉が600回以上出撃の功で同じ勲章を授けられた。そのすべては永遠に壊れないのではないかと思える「123（アインス＝ツヴァイ＝ドライ）」で飛行したもので、よく知られている「老兵」とは違い、消え去ることをまだ拒絶していた［朝鮮戦争時に連合軍最高司令官を解任されたマッカーサー元帥が引退するときに残した言葉「老兵は死なず、ただ消え去るのみ」をもじっている］。

しかし、第1地上攻撃航空団第Ⅰ飛行隊長ゲオルク・デルフェル少佐は、明らかに戦歴の終わりを迎えようとしていた。キエフ近くでドニエプル河を渡って橋頭堡を築こうとしていたソ連軍に対し、10月初めのたった一日でデルフェルは少なくとも19回出撃した。まだキエフ南飛行場に駐留していた10月6日に、彼は1000回目の出撃と30機目の撃墜を記録した。翌日、1001回目を迎えたのちデルフェルはただちに以後の出撃を禁止され、プロスニツにある地上攻撃隊学校の校長に任じられた。彼はそこで新世代の地上攻撃パイロットに実戦で培った広範な専門的技術を伝えることになった。

新たな時代が始まろうとしていた。地上でドイツ陸軍が「東方の壁」に沿って部隊の安定化と組織化を企てていたまさにそのとき、空ではドイツ空軍がそれまで哀れにも無視されていた地上攻撃部隊の真価をようやく認めつつあった。急降下爆撃隊、地上攻撃隊、駆逐隊、高速爆撃隊、戦闘爆撃隊、対戦車隊といった地上攻撃に携わるまごつかせるほどの寄せ集めを整理するため、何らかの新体制が導入されねばならなかった。開戦からの4年間、細分化するにまかされていた各部隊は、現時点ではすべてが基本的に同じ任務を遂行していた。

指揮権を統合し確立する、という最初の一歩はすでに踏み出されていた。1943年9月1日、法学博士でもあるエルンスト・クプファー中佐がドイツ空軍最初の地上攻撃隊総監(Greral der Schlachtflieger)に任命された。急降下爆撃パイロットを長期間務め、第2急降下爆撃航空団「インメルマン」の航空団司令だったクプファー博士は当時、第1地上攻撃航空団のFw190とHs129を含み、「ツィタデレ」作戦失敗ののちオリョールで第9軍救出に駆けつけたクプファー部隊(Gefechtsverband Kupfer)を率いていた。

10月11日にアルフレート・ドルシェル少佐はクプファー博士の幕僚として昼間地上攻撃隊査閲監(Inspizient der Tag-Schlachtfliegerverbände)に就任するため、第1地上攻撃航空団の指揮を離れた。

そして正確に1週間後の1943年10月18日、雑多な部隊が混ぜ合わさったドイツ空軍地上攻撃部隊が、多岐にわたりさまざまに、そしてしばしば複雑化していた部隊名称を含めて遂に廃止された。その日を期してすべての部隊が地上攻撃航空団 (Schlachtgeschwader) に再編され、略号は単にSGとなって、大幅に拡張された新たな地上攻撃部隊の指揮系統に組み込まれた。

第二次大戦最初の4年間、地上攻撃隊は戦闘機隊に指揮されていたという事実を示すような光景。戦闘機隊総監アードルフ・ガランド（左）がその当時、第1地上攻撃航空団第Ⅰ飛行隊長を務めていたアルフレート・ドルシェル大尉（中）、第1地上攻撃航空団司令フベルトゥス・ヒッチホルト少佐と会話を交わしている。

地上攻撃隊総監が初めて任命されたのは1943年9月1日のことである。しかし初代総監に就任した博士エルンスト・クプファー中佐はわずか2ヵ月後に飛行機事故で死亡し、後任にフベルトゥス・ヒッチホルトが任じられた。この写真では大佐だが、ヒッチホルトは大戦終結までその職に就くことになる。

chapter 4
地中海の太陽とロシアの月
mediterranean sun, russian moon

　第2教導航空団第Ⅱ(地上攻撃)飛行隊が1941年春にギリシャ南部を離れたあと、ほぼ正確に18カ月間はドイツ空軍の地中海戦域の戦闘序列にほかの地上攻撃部隊は現れなかった。

　ほとんど目立った特徴がない北アフリカ砂漠の風景にあって、無数の戦車戦が繰り広げられる情景は、対戦車専門の作戦運用を実施するのに、ほぼ完璧な状況を用意したように思えた。しかし、アフリカ軍団が存在した大部分の期間、エルヴィーン・ロンメル率いる同軍団は、まだ急降下爆撃飛行隊と駆逐飛行隊といういつもの組み合わせに加えて、アフリカに進出していた2個戦闘航空団傘下の戦闘爆撃中隊の支援を頼りにしなければならなかった。

　実に、ロンメルが1個地上攻撃飛行隊の支援を求めることができたのは1942年11月のことで、彼の軍団はエル・アラメインで続く戦いで敗北し、全面退却していた。そしてそれまでに北アフリカ戦の形勢を挽回する望みを託せる飛行隊はひとつもなかった。

　東部戦線でこれに対応する任務に就いた部隊、第1地上攻撃航空団第Ⅰ飛行隊と同じく、北アフリカで戦った第2地上攻撃航空団第Ⅰ飛行隊は単発戦闘機を装備する3個中隊に加えて、Hs129を装備する対戦車中隊から構成されていた。

　それは、1942年初めにリップシュタットで編成された第1地上攻撃航空団

このHs129は明らかに砂漠迷彩の褐色に塗られていることから、最初に第2地上攻撃航空団第4(対戦車)中隊に配備され、1942年11月にリビアへ派遣された機体であることがわかる。エンジン下部カウリングが外され、「北アフリカのどこか」の道路を牽引されている。両主車輪支柱の突起部に取り付けられた牽引用ケーブルが路上になんとか見える。この写真はよく出版物に掲載されるが、一部の解説に反して、尾輪の背後についた男は機体を押しているわけではない。彼は単に舵を切っているだけである。

第4（対戦車）中隊の次に編成されたHs129中隊であった。短命に終わった第92対戦車中隊の隊員を中核として、1942年9月にポーランドのデブリン＝イレナで編成されたと伝えられる第2地上攻撃航空団第4（対戦車）中隊は当初、12機のヘンシェル双発機を装備した。しかし、ブルーノ・マイアー大尉率いる同中隊が11月7日にトブルクの南、エル・アデムに到着するまでに保有機数はわずか8機に減少し、そのうち出撃可能なものはたったの4機だった！それにもかかわらず、Hs129はちょうど1週間後、最初の出撃と伝えられる戦闘で12両の英軍戦車を破壊した。

　しかし、最高の状態ですら信頼性は高いといえなかったHs129のグノーム・ローヌエンジンに、リビアのどこでもつきまとう埃と砂が加わると確実に災難を招いた。それからわずか数回出撃した間に、2機が連合軍戦線の背後に不時着を余儀なくされ、同中隊はトリポリに後退した。そこでは扱い難い動力装置のために満足のいくサンド・フィルターを製作することが企てられたが、さほど成功しなかった。そして、進撃してきた第8軍が1943年1月23日にリビアの首都に入ったとき、残された出撃不能のヘンシェルは破壊されたと報告されている。同中隊は再編のためイタリアのバリに撤退した。

　Bf109を装備した中隊は厳しい北アフリカの戦闘に参加するにはいくらか適していると見られていた。それは多分第2地上攻撃航空団第I飛行隊が、すでに砂漠に進出していた第27戦闘航空団と第53戦闘航空団の戦闘爆撃中隊から編成されたことによる。強固なアフリカ戦闘爆撃中隊を編成するため両航空団の中隊を合体してできた同部隊は、その後シチリアに移動し、そこで南部方面軍最高司令部付戦闘爆撃飛行隊（Jabogruppe der Oberbefehlshaber Süd）と改称された。その名称が示すように同飛行隊は南部方面軍最高司令官アルベルト・ケッセルリング元帥に直属し、マルタ島への戦闘爆撃任務に出撃した。

　1942年10月下旬、再度改称されて第2地上攻撃航空団第I飛行隊と変わった同飛行隊がアフリカに戻り始めるまでに、新たな飛行隊長としてヴォルフ＝ディートリヒ・パイツマイアー大尉が任命された。パイツマイアーは経験豊富な急降下爆撃パイロットで、1940年7月に騎士鉄十字章を受勲した3名に含まれる。1942年12月10日、彼は同飛行隊の指揮をとるためイタリアのタラントから出発したが、乗客として搭乗したBv222飛行艇が英空軍ボーファイターの迎撃を受け、撃墜されて地中海に没した。

　それまでに第2地上攻撃航空団第I飛行隊はアフリカで出撃を開始してから1カ月が経っていた。当初はエジプト・リビア国境のシディ・オマール地区周辺で作戦して連合軍の戦車や非装甲車両に対し多数の低空攻撃を遂行し、そののち同飛行隊は枢軸国軍の総退却に加わり始めた。まずトブルクの東にあるガンブトに到着してからわずか4週間後、アルコ・フィラエノルム［領土拡大のためカルタゴに生き埋めにされたフィラエニ兄弟に因んだ大理石製アーチ］近くの滑走路まで押し返された。アルコ・フィラエノルムはヴィア・バルビア沿岸道路をまたぐ雄大なアーチでキレナイカとトリポリタニアの境界上に立っていた。

　リビア東部を横断して退却する過程で、同飛行隊は約12機のBf109Fと少なくとも4名のパイロットを喪失した。そのなかには第2地上攻撃航空団第1中隊長ヴォルフ・ジッパー中尉が含まれ、彼は11月24日にイタリア軍機と空中衝突してアルコ・フィラエノルムのそばに墜落した。

59頁のHs129とは対照的に、基本的には緑色迷彩の上に蛇行する褐色の線を追加したこの機体は、第2地上攻撃航空団第8(対戦車)中隊に属していることを示す。1943年春にチュニス/エル・アイナで撮影された「赤のG」はプロペラがひん曲がり、機首先端の部品が失われ、激しい着陸の痕跡を示している。暗色に塗られた右スピナー(部品を交換されたもの)にも注目。

トリポリタニアに退却しても休養する余裕はなかった。第8軍は圧力をかけ続け、アフリカ軍団とその同盟相手のイタリア軍をリビアの外まですっかり追い払い、ガベス峡谷を通ってチュニジア南部に達した。同飛行隊の指揮をとっていたのはフィッシャー少佐だった。戦車や補給部隊を攻撃するだけでなく、メデニン周辺の英空軍の戦闘機用飛行場のような空軍基地もまた、高性能爆薬と対人爆弾を用いて攻撃し、敵の進軍を遅らせた。

空中では大幅な数的劣勢を強いられた上に、地上の増え続ける対空砲火に直面し、こうした作戦出撃で大きな代償を支払った。チュニスに向けゆっくりと退却していく間に、第2地上攻撃航空団第I飛行隊は損耗率の上昇に苦しみ始めた。そして1943年早春の頃には、同飛行隊の現有戦力報告書にはやっと二桁に届くかどうかという機数が記載されていた。

同飛行隊がアフリカにいた最後の3カ月間に、50機を超す機体を喪失あるいは登録抹消したが、幸運にもパイロットの損失はそれよりずっと少なかった。パイロットはわずか3名が戦死と報じられた——うち2名は敵戦闘機に撃墜された——が、さらに連合軍飛行場を地上掃射中に対空砲火の犠牲となり、数名が行方不明あるいは捕虜と名簿に記載された。同飛行隊のより幸運だった隊員のひとりが未来の騎士鉄十字章受勲者ヨーゼフ・エンツェンスベルガー曹長で、2週間あまりの間に二度も地上砲火で撃墜された。最初は軽傷を負ったが生き延び、二度目は徒歩で2日後に基地へ辿り着いた。

第2地上攻撃航空団第I飛行隊がチュニジア南部を通って退却するアフリカ軍団を支援していた間に、連合軍の新たな一撃が繰り出された。1942年11月に米英連合軍の侵攻部隊がアルジェリアに上陸し、今や地中海沿岸に沿って西から進撃しつつあった。すでに戦力が希薄なまでに伸び切っていたドイツ空軍にとって、今や枢軸国軍のアフリカ大陸最後の足掛かりとなったチュニスとビゼルタ周辺を支えるため、どの空軍部隊を送ることができたであろうか。

第2地上攻撃航空団第4(対戦車)中隊のリビアでの無様な戦いぶりにも関わらず、2番目のHs129対戦車中隊、つまり第2地上攻撃航空団第8(対戦

Hs129が連合軍の戦車と輸送車両を低空攻撃しているこの劇的な写真は、チュニジア戦の最中に英軍兵士が撮影した。

車)中隊が派遣部隊に含まれていた。可動を始めて間もない保有戦力10機の同中隊は、チュニス=アイナに1942年12月末ごろ到着した。それから数日も経たずに、チュニス郊外から48km離れたポン・ドゥ・ファ地区で敵の部隊や車両を攻撃中に、哨戒中の連合軍戦闘機により3機を喪失した。

米英連合軍の北に向う進撃が悪天候により停滞したとき、連合軍の危険なまでに長く伸びた連絡網に攻撃の矛先が向けられた。こうした作戦は新年まで続いたが、1943年1月18日にポン・ドゥ・ファの西で局所的な反攻を支援中に、今度は対空砲火でさらにヘンシェル2機が撃墜され、同中隊の出撃可能機数はわずか4機にまで減少した。

補充機と、いくつかの報告書によるとトリポリで第4(対戦車)中隊の残存機3機が加わり、同中隊の戦力は3月中旬までにほぼ12機まで回復した。しかし、連合軍のチュニス周辺の包囲網を閉じる猛攻が再開されると、これを止めるため彼らにできることはほとんどなかった。最後の数週間にさらに少なくとも3機のHs129を喪失し、最後の機体は5月5日に米軍戦線の後方でマチュールの北に墜落した。8日後、ドイツ軍とイタリア軍合わせて25万名が降伏し、アフリカの戦いは終わった。

第2地上攻撃航空団第I飛行隊のBf109Fはすでに4月後半にチュニスを離れバリに渡っていた。今度は第8(対戦車)中隊が罠から逃れる番で、フランク・オズヴァルト中尉が残存のヘンシェルを率いて北に向い、地中海を横切りサルディニア島のデチモマンヌへ渡った。しかし、それが第2地上攻撃航空団のアフリカにおける本当の最後ではなかった。1942年12月に遡り、航空団本部がやはり創設されていた。柏葉騎士鉄十字章受勲者でのちにMe262ジェット爆撃機で有名になるヴォルフガング・シェンク少佐が指揮したその第2地上攻撃航空団は、東部戦線の第1地上攻撃航空団と同様に2個飛行隊編制で、さらに対戦車中隊2個が追加されていた。

シェンクの第II飛行隊は航空団本部と同時に編成された。それまでBf110とMe210を装備していた第1駆逐航空団第III飛行隊の一部を基に、Fw190を装備してポーランドのグライヴィツで編成された。ヴェルナー・デルンブラック大尉の指揮下、第2地上攻撃航空団第II飛行隊は1943年初めに最後の準備のため、グライヴィツからイタリアの踵にあるブリンディジに南下した。

しかし、戦況の変化が北アフリカへの進出計画の先を越していたのはすで

に明らかだった。遅れて小出しに派遣された第Ⅰ飛行隊とHs129装備の2個中隊を、もはや全面退却中だったアフリカ軍団が実際に運用する場面は限られていた。1943年3月末に第2地上攻撃航空団第Ⅱ飛行隊をチュニスへ移動させたことは、おそらく第10高速爆撃航空団第Ⅲ飛行隊の出撃可能な最後のFw190戦闘爆撃機4機を補強するために、自暴自棄としかいいようのないものだった。

　デルンブラックの飛行隊は差し迫った枢軸軍の崩壊を遅らせることは何もできなかったとしても、驚くことはない。反対に同部隊がわずかに示したのは、5月8日にチュニスの近くで撃墜された第7中隊長ジークフリート・バッセ中尉を含む、何名かのパイロットを喪失したことだった。次の損失はその2日後にシチリア上空で発生した。そしてこれが、第2地上攻撃航空団が短期間の割に損害の多いアフリカ戦へ関与した、本当の終わりとなった。

　チュニジアの陥落は第2地上攻撃航空団傘下の部隊にとり、その先の分かれ道を予告するものだった。2つの対戦車中隊は一緒に地中海方面から引き揚げられた。ベルリン＝シュターケンを経由し、そこで彼らの保有機数はヘンシェルが各16機ずつに増強され、その後「ツィタデレ」作戦に参加するため東部戦線に移動した。

　チュニジアでの6週間にわたる短期の介入を比較的少ない損害で生き延びた第2地上攻撃航空団第Ⅱ飛行隊はイタリア中部に後退し、次の展開に備え待機していたようである。一方、第Ⅰ飛行隊はバリでFw190へ機種転換の最中だった。この時期に地中海戦域で大規模な地上戦はなかったが、連合軍がヨーロッパ本土に戻る第一歩を踏み出すのは時間の問題にすぎなかった。そして枢軸軍の情報部は、侵攻の可能性が最も高いのはサルディニアかシチリアだと信じていた。

　イタリア中部、南部に展開していた第2地上攻撃航空団の2個飛行隊はヨーロッパの「柔らかな下腹」前線の正面にいた。全域にわたって連合軍の猛

爆装したFw190の両翼に乗った地上要員が、離陸前の最終点検地点と離陸開始場所にパイロットを導く手助けをしている。

烈な爆撃が増加しつつあることから、それは十分に説得力をもつ事実だった。爆撃機迎撃任務に熟達していない第2地上攻撃航空団は、自前の対空砲火と近隣の戦闘飛行隊に防衛を依存しなければならなかった。しかし予防措置として、保有機をできるだけ分散して駐機し、Fw190への機種転換を済ますため第I飛行隊の一部をさらにブリンディジに派遣した。

6月末頃、第2地上攻撃航空団第I飛行隊はサルディニアのミリスに移動した。この動きが連合軍に注目されないわけがなかった。飛行隊はじきに爆撃対象となった。7月3日のB-26の波状攻撃により、新品のFw190のうち4機が破壊され、ほかに数機が損傷を被った。それでも、ちょうど1週間後に米英連合軍部隊がシチリアに上陸したとき、同飛行隊は出撃可能なFw190をまだ20機保有しており、第II飛行隊より4機多かった。

だが、シチリアで侵攻を迎え撃つ部隊に加わったのは、ゲルビーニとカステルヴェトラーノの郊外から地上攻撃に出撃した第2地上攻撃航空団第II飛行隊だけのようである。しかしヨーゼフ・ベアラーゲ大尉の第I飛行隊は、その翌月にはサルディニアとイタリア本土を何度も往復してすごした。7月後半は同飛行隊はモンテ・カッシーノ近くのアキノにおり、8月上旬に短期間だけサルディニアにいた。それから北イタリアのピアチェンツァに戻ったところで、第2地上攻撃航空団第I飛行隊は、訓練のためオーストリアのグラーツへ向かうよう命じられた。

こうして、デルンブラック大尉率いる第II飛行隊が第2地上攻撃航空団の地中海戦域における最後の出撃をすることになった。それには9月第2週に敢行したナポリ南方のサレルノの橋頭堡に対する攻撃も含まれている。同飛行隊は以後数カ月にわたってイタリア中部の頑強な防衛陣に参加し続けるが、1943年10月18日以降は新たな部隊名称の下ですごすことになる。

東部戦線の夜間作戦
Nocturnal Operations in the East

第2地上攻撃航空団の新しいパイロットたちが砂漠の状況に慣れ始めた――たとえば機体に乗り込むときに熱い金属で手が焼かれるのを避けるため手袋の着用を学ぶ――のとまさに同じとき、まったく異なる種類の地上攻撃作戦が東部戦線で発展しつつあった。

夜間の嫌がらせ出撃に軽飛行機を使い始めたのはソ連空軍の方が先だった。彼らは暗闇にまぎれて低空でドイツ軍前線を襲撃し、目に見えないだけでなくエンジンのスイッチを時々切って騒音をほとんど消し、手榴弾あるいは小爆弾を下にいる敵部隊に手づかみで無差別に投下した。それはほとんど第一次大戦の初期に戻ったかのような攻撃だった。被った物的損害はごくわずかだったが、心理的効果はかなりあった。小さいが危険な飛び道具が、次にいつどこで降ってくるかわからず、安眠を妨害されるだけでなく、常に頭上を飛び回る見えない襲撃者に神経が擦り切れた。

大戦後半になると、ヨーロッパと太平洋にいた米軍部隊では通常、そうした敵機を「チャーリー洗濯機」と呼んだ。当時、国内でそれほど自動洗濯機が普及していなかったドイツ軍は、ソ連軍の嫌がらせ機を通常は「コーヒー豆挽き」、あるいは「ミシン」と呼んだ。これは襲撃機の100馬力エンジンが発する騒音に由来していた。ほかの名前には「当番下士官」(疲れ切った兵士が自力で得た休養、すなわち睡眠をかならず邪魔する、心底から嫌われる人物)、

ヨハネス・ルター少尉(のちに大尉)は第2地上攻撃航空団、第4地上攻撃航空団に属し、チュニジア戦とイタリア戦において最も成功した地上攻撃パイロットだった。元駆逐機パイロットの彼は空中戦でも8機を撃墜した(さらに東部戦線で4機を追加する)。

この全面を黒く塗られたアラドAr66練習機(のちの第3夜間地上攻撃飛行隊に属する)は、初期の夜間嫌がらせ中隊で最初に使われた機材の代表ともいえる。写真は夜間出撃の準備をしているところ。

あるいは「公道の尻軽女」があった。後者には、補給線がソ連軍の旧式な複葉機に好まれた目標であり、その多くに女性が搭乗していたことから、二重の意味が込められていた。

夜間嫌がらせ機にどんな名前がつけられようが、迷惑の源となる価値は否定できなかった。それにも関わらず、ソ連軍が実施していたことをドイツ軍が真似し始めるのは、1年以上あとのことであった。1942年10月7日、航空省は、東部戦域を担当する航空艦隊にそそのかされて、遂に命令を発した。

「補助爆撃中隊(Behelfskampfstaffel)の戦場での任務は夜間に前線に近い村々、敵占領下の森林地帯などを攻撃することで敵を崩壊させることにある。使用する機種は基本的にAr66、Go145、それにJuW34とすべきである。創設する中隊数は入手出来る搭乗員(既存の航空艦隊戦力から引き抜く)数と機数により決定される」

東部戦線で当初戦っていた4つの航空艦隊、戦域司令部には二番目の命令は必要なかった。北方戦区の第1航空艦隊、中央戦区のドン戦域司令部と東方戦域司令部は10月7日の命令にただちに従ってそれぞれ1個中隊を編

初期の夜間地上攻撃作戦で使われた機材のもうひとつはFw58連絡・軽輸送双発機である。下面を黒く塗られたこの機体──どこかの空軍支援部隊に属する「KU+AC」──はそうした夜間攻撃機の1機かもしれない。

成し、前線に沿って配置した。だが南方戦区では、同じ目的に当てるため第4航空艦隊は既存の3個連絡中隊(Verbindungsstaffel)を単に名称変更しただけのようだ。

「補助爆撃中隊」という名称は翌月に廃止され、同じように奇妙だがより正確な「嫌がらせ爆撃中隊」(Störkampfstaffel)に代わった。同時に4個飛行隊本部が編成され、それに数が増加しつつある嫌がらせ爆撃中隊が隷属することになった。

1943年初めまでに合計17個のそうした中隊が可動した。東方戦域司令部付嫌がらせ爆撃飛行隊は3個中隊から成り、第1航空艦隊司令部付嫌がらせ爆撃飛行隊とドン戦域司令部付嫌がらせ爆撃飛行隊はそれぞれ4個中隊編制だったが、第4航空艦隊司令部付嫌がらせ爆撃飛行隊は6個中隊編制に増えていた。

　この、当初の3倍近い中隊数は始めに夜間嫌がらせ爆撃任務に提案された3機種の入手可能性を遙かに凌駕していた。事実、時代遅れのHe45、He46から練習機や連絡機、さらには第一線から引き揚げられたDo17とJu87まで、12種以上の機種が含まれるようになった。最初は部隊内で機種の統一を図る企ては行われず、ある中隊はなんと6機種、11機を保有していた！それは補給担当者にとって悪夢だったに違いない。毎月の戦闘序列戦力表を作成するベルリンの航空省にいた係官たちにとっても多すぎた。彼らは東部戦線の嫌がらせ爆撃中隊の装備機種を混乱から解消するための試みを何もしなかった。実際、彼らは単に総数を記載しただけである。たとえば1943年2月20日付の数字を見ると東部戦線の夜間嫌がらせ機は236機で、そのうち148機が出撃可能となっていた。こうした総数は残りの大戦期間を通じて驚くほどわずかしか変化しなかった。

　嫌がらせ爆撃中隊のパイロットたちは天候が許す限り出撃し、満月の頃の視界が良好な間は一晩で数回出撃した。ソ連空軍の嫌がらせ機と同様に、目覚ましい戦果をあげたわけではないが、確かに彼らが存在することが敵の士気に著しい効果を与えた。ドイツ軍は、嫌がらせ爆撃機が頭上にいるときは敵の機数はいつもよりずっと少ない、とたびたび報告した。

　彼らはときには道路上の輸送隊列あるいは燃料や弾薬の貯蔵施設といった特定の目標に向かうこともあり、東部戦線の主要な戦いのいくつかに参加することもあった。北方戦区では第1航空艦隊の嫌がらせ爆撃中隊がレニングラード周辺とラドガ湖南の補給路に沿って活動した。1943年春に東方戦域司令部の3個中隊は最終的に失敗したヴィヤジマ地区の防衛戦に参加した。それはスモレンスクとモスクワを結ぶ幹線道路沿いにある町で、ドイツ軍

最初の夜間地上攻撃作戦で使われた3番目の機材は旧式機か、第一線から退役した機体であった。前者には1933年から1936年までに500機近くが製作されたHe46戦術偵察機が含まれる。この機体、「1K＋KH/白の16」はのちに第4夜間地上攻撃飛行隊に属した。

は中央戦区で最強のハリネズミ陣地［周囲に有刺鉄線を巡らせた陣地のこと］のひとつに変えていた。そして1943年5月に東方戦域司令部が第6航空艦隊と改称したのち、同じ3個中隊は「ツィタデレ」作戦で北辺に沿って展開した。

南方戦区の第4航空艦隊の嫌がらせ爆撃中隊は、9月にドニエプル河に沿った赤軍の進撃を支える夜間補給部隊に攻撃の矛先を向ける前は、ハリコフ北の自分たちの飛行場からクルスクの戦いに参加した。

東部戦線で地上攻撃任務に使われた機材のなかで疑いもなく最も尋常ならざる、そして確かに最も古い機体は、1919年製のユンカースF13軽民間輸送機である。写真の機体はドイツ空軍が運用した一握りの同型機の1機だが、1943年にチェコスロヴァキアで撮影された。

同じ月にいくつかの嫌がらせ爆撃中隊は夜間と同様に、昼間も出撃し始めた。ソ連パルチザンの活動は1941年6月にドイツ軍が国境を最初に越えた瞬間からほぼ始まっており、ずっと問題になっていた。1942年を通じて、モスクワが送り込んだパルチザンの小集団を隠れ場所である多くの森、森林地帯、それに湿地帯から狩り出すため、前線の後方で数多い治安維持活動が試みられた。しかし、航空支援は時折しか実施できず——地上部隊の支援に監視機1機しかさけないことも時々あった——、こうした努力の効果は少なかった。

そして、今や赤軍は前面のあらゆるものを押して西方にどんどん進撃しており、パルチザンは以前にも増して大きな脅威となりつつあった。背後の補給線が待ち伏せ攻撃され警護所が攻撃を受けると、ドイツ軍前線の背後における「問題」は脅威に変化した。

中央軍集団背後の広大なプリピャチ沼沢地が特にパルチザン活動の温床のひとつとなっていた。そこで1943年9月に第6航空艦隊はヨーゼフ・プンツェルト少将を指揮官とする特別部隊を編成。同航空艦隊の嫌がらせ爆撃中隊はこれと連携して夜間は前線の嫌がらせ攻撃に、昼間は後方地域の対パルチザン警戒に従事した。

フランスとほぼ同面積がある地域の治安維持活動はわずか3個中隊の手に余るため、プンツェルトは特別に昼間の対ゲリラ作戦を遂行する臨時の部隊をいくつか編成した。任務の性格からそれらは地上攻撃部隊に分類することができた。臨時編成の部隊にはAr66、Ju87、Bf109を擁する混成偵察・攻撃中隊の「ガムリンガー特別中隊」(Sonderstaffel Gamringer)が含まれていた。

より大規模な3個中隊編制の「リートケ特別行動隊」(Einsatzkommando Liedtke)でも多数のBf109を擁していた。しかしその機材の多くは第一線から引退した爆撃機や偵察機だった。何機かのHs123さえも保有していたが、なんという失墜ぶりだろう！ さらに、最下層からは一握りの1919年型ユンカースF13単発民間機がやってきた。それは第一次大戦のフーゴー・ユンカース博士の革新的な全金属製機体設計から発展した骨董品だったが、第二次大戦において応分の貢献をするため軍務についた！

嫌がらせ爆撃中隊もやはり名称変更されて、新体制の地上攻撃部隊で夜間作戦を担当する夜間地上攻撃飛行隊(Nachtschlachtgruppe)に改編された。このときまでに、つまり1カ月後の1943年10月18日に至る間に、かつて全能だったドイツ空軍は戦力を減らし続け、苦境に直面していた。

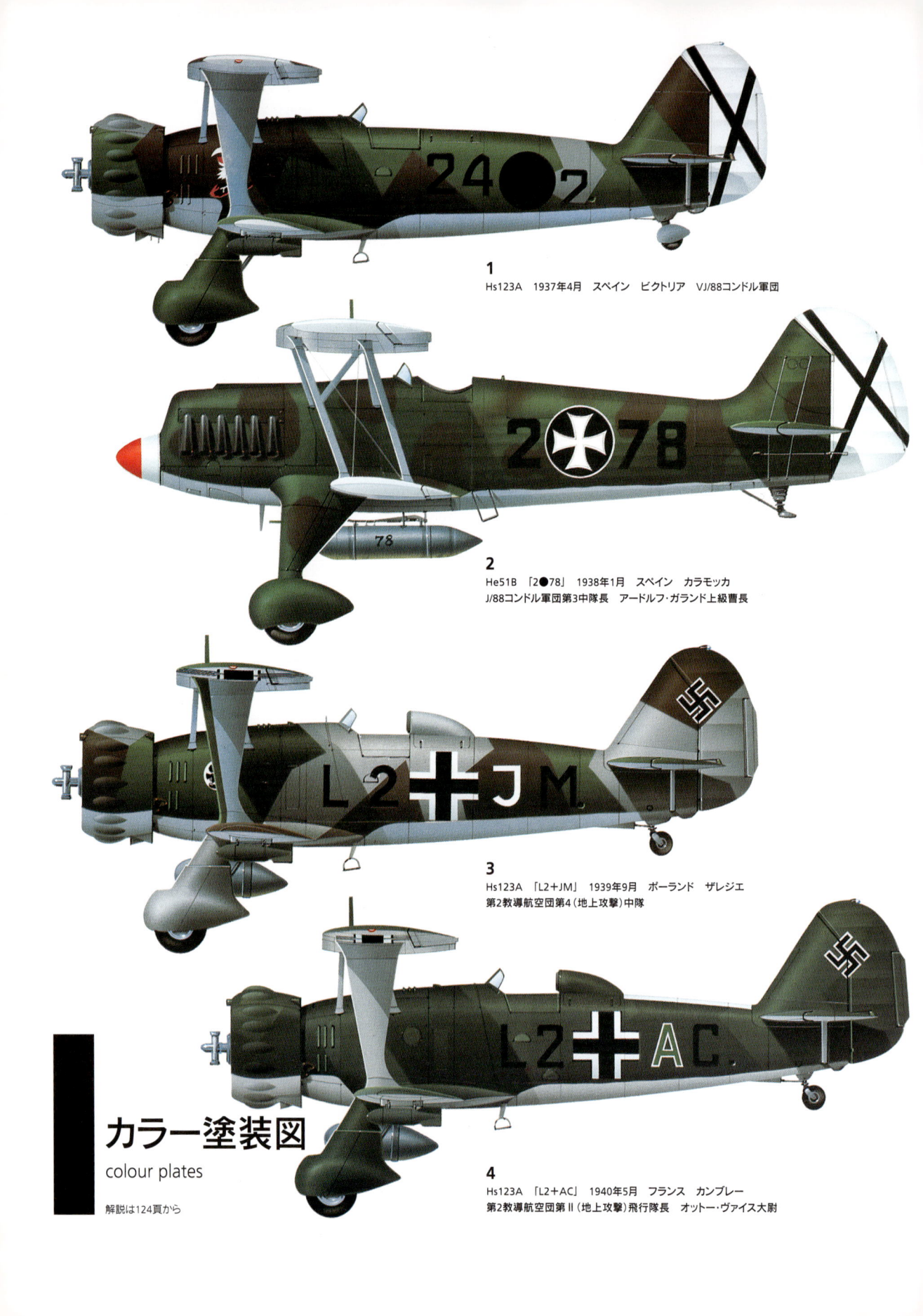

1
Hs123A　1937年4月　スペイン　ビクトリア　VJ/88コンドル軍団

2
He51B　「2●78」　1938年1月　スペイン　カラモッカ
J/88コンドル軍団第3中隊長　アードルフ・ガランド上級曹長

3
Hs123A　「L2+JM」　1939年9月　ポーランド　ザレジエ
第2教導航空団第4（地上攻撃）中隊

4
Hs123A　「L2+AC」　1940年5月　フランス　カンブレー
第2教導航空団第Ⅱ（地上攻撃）飛行隊長　オットー・ヴァイス大尉

カラー塗装図
colour plates

解説は124頁から

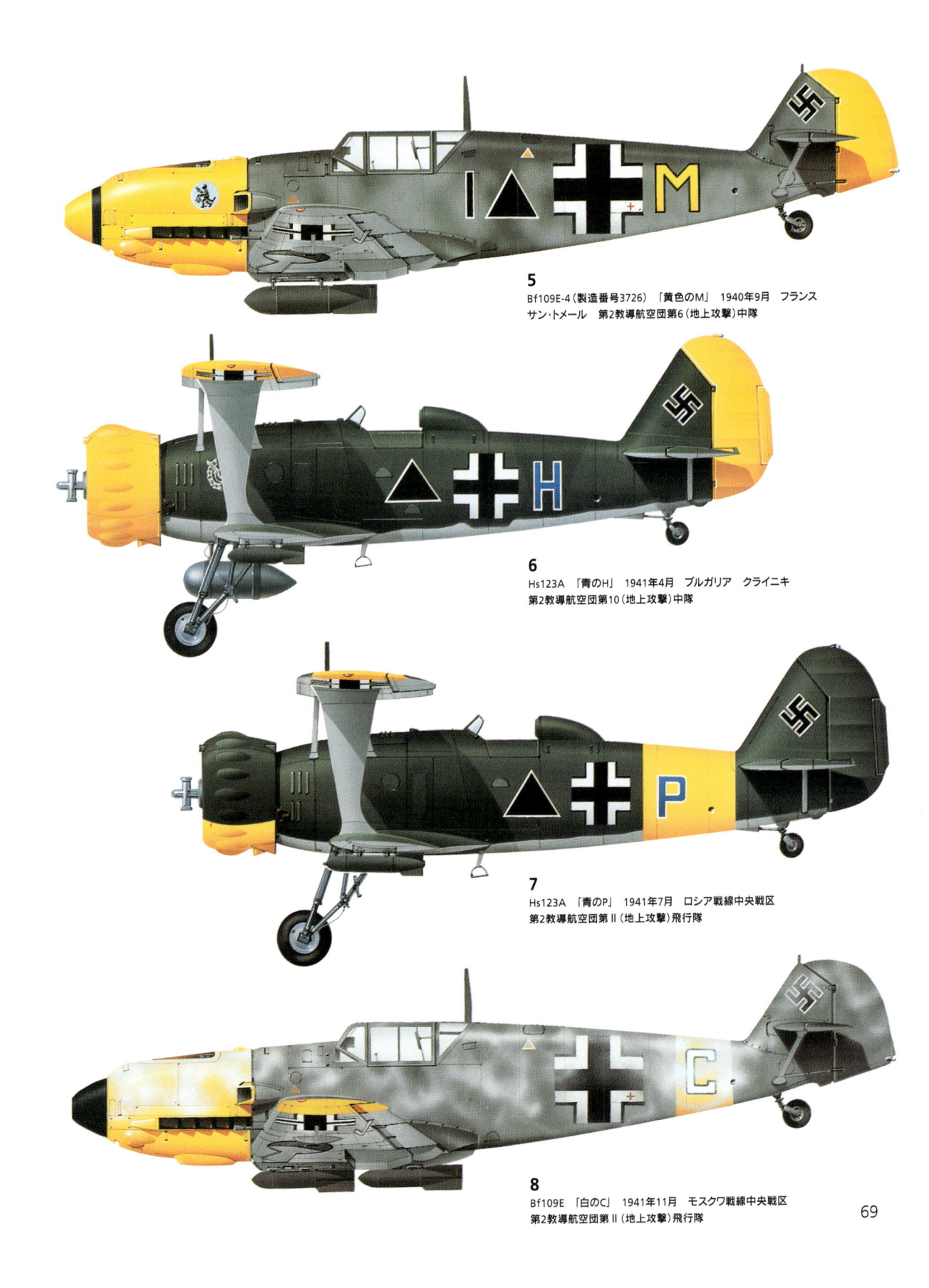

5
Bf109E-4（製造番号3726）「黄色のM」 1940年9月 フランス
サン・トメール 第2教導航空団第6（地上攻撃）中隊

6
Hs123A 「青のH」 1941年4月 ブルガリア クライニキ
第2教導航空団第10（地上攻撃）中隊

7
Hs123A 「青のP」 1941年7月 ロシア戦線中央戦区
第2教導航空団第Ⅱ（地上攻撃）飛行隊

8
Bf109E 「白のC」 1941年11月 モスクワ戦線中央戦区
第2教導航空団第Ⅱ（地上攻撃）飛行隊

9
Bf109E-7 「白のU」 1942年5月　南方戦区
ケルチ　第1教導航空団第5(地上攻撃)中隊

10
Bf109E-7 「青のK」 1942年9月　南方戦区
トゥゾウ　第1地上攻撃航空団第8中隊

11
Hs129B 「白のシェヴロン/青のO」 1942年11月　リビア
エル・アラメイン　第2地上攻撃航空団第4(対戦車)中隊長　ブルーノ・マイアー大尉

12
Fw190F-2 「黒の二重シェヴロン」 1943年3月　南方戦区　ハリコフ
第1地上攻撃航空団第I飛行隊長　ゲオルク・デルフェル大尉

13
He46C 「1K＋BH」 1943年4月頃 ロシア戦線南方戦区
第4航空艦隊司令部付第3嫌がらせ爆撃中隊

14
Hs129B 「赤のF」 1943年1月 チュニス エル・アイナ
第2地上攻撃航空団第8(対戦車)中隊

15
Hs129B-2/R3 「赤のJ」 1943年4月 南方戦区 クバン橋頭堡
第1地上攻撃航空団第8(対戦車)中隊長 ルードルフ＝ハインツ・ルファー中尉

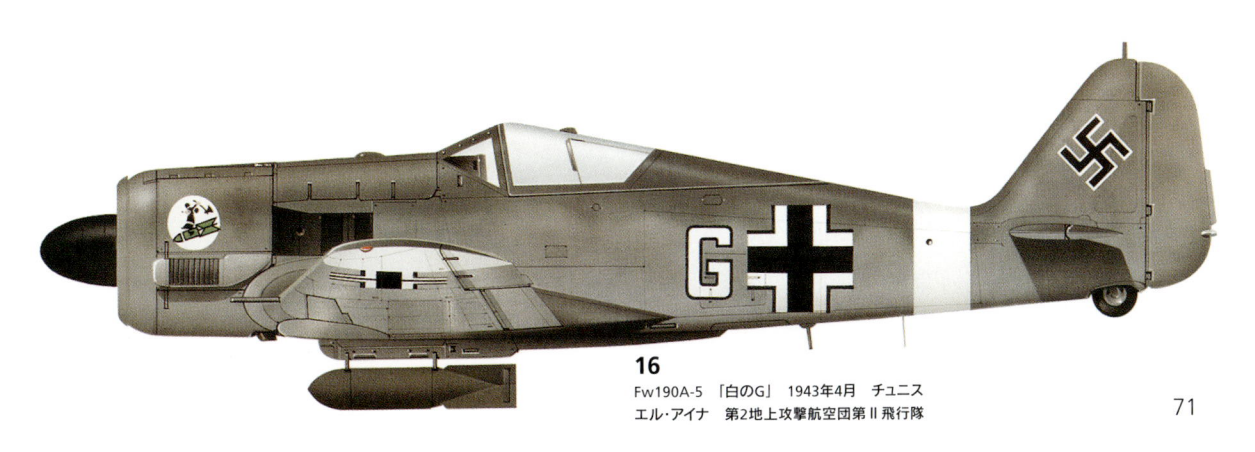

16
Fw190A-5 「白のG」 1943年4月 チュニス
エル・アイナ 第2地上攻撃航空団第Ⅱ飛行隊

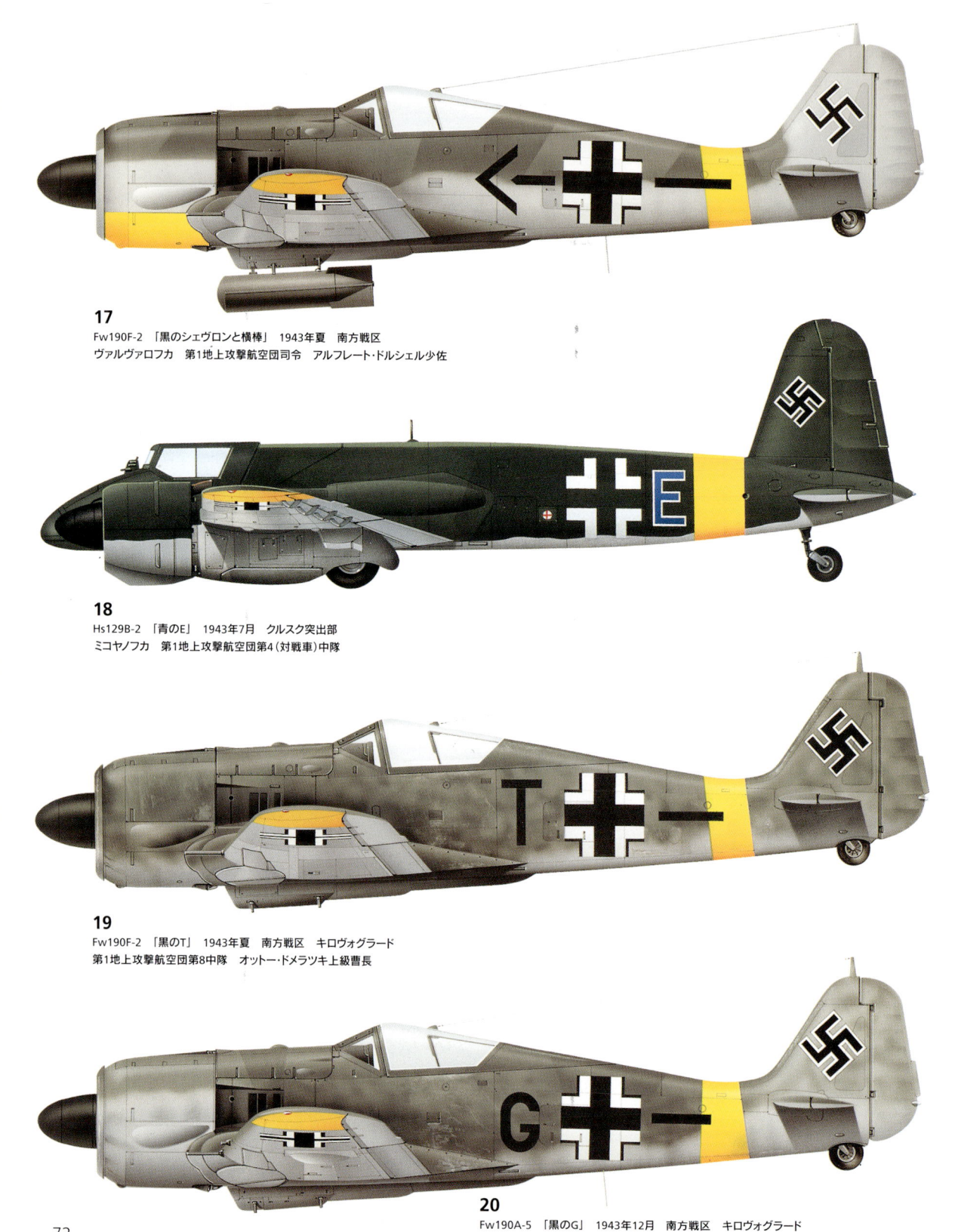

17
Fw190F-2 「黒のシェヴロンと横棒」 1943年夏　南方戦区
ヴァルヴァロフカ　第1地上攻撃航空団司令　アルフレート・ドルシェル少佐

18
Hs129B-2 「青のE」 1943年7月　クルスク突出部
ミコヤノフカ　第1地上攻撃航空団第4（対戦車）中隊

19
Fw190F-2 「黒のT」 1943年夏　南方戦区　キロヴォグラード
第1地上攻撃航空団第8中隊　オットー・ドメラツキ上級曹長

20
Fw190A-5 「黒のG」 1943年12月　南方戦区　キロヴォグラード
第2地上攻撃航空団第5中隊　アウグスト・ランベルト上級曹長

21
Fw58C 「D3+BH」 1943年12月 中央戦区
バラノヴィチル 第2夜間地上攻撃飛行隊

22
Hs129B-2 「白のM」 1944年2月 南方戦区
ブヤラ=ザルコフ 第9地上攻撃航空団第10（対戦車）中隊

23
Go145A 「U9+HC」 1944年3月 ラトヴィア
ヴェクミ 第3夜間地上攻撃飛行隊第2中隊

24
Fw190F-2 「黒の二重シェヴロン」 1944年4月 クリミア
カランクート 第2地上攻撃航空団第II飛行隊長 ハインツ・フランク少佐

25
Hs123A 「黒の二重シェヴロン／黄色のL」 1944年4月
クリミア ヘルソニェス南 第2地上攻撃航空団第Ⅱ飛行隊

26
Fw190F-8 「白の11」 1944年6月 イタリア
ピアチェンツァ 第4地上攻撃航空団第1中隊

27
Fw190F-8 「茶の0」 1944年6月 フランス
アヴォール 第4地上攻撃航空団第9中隊

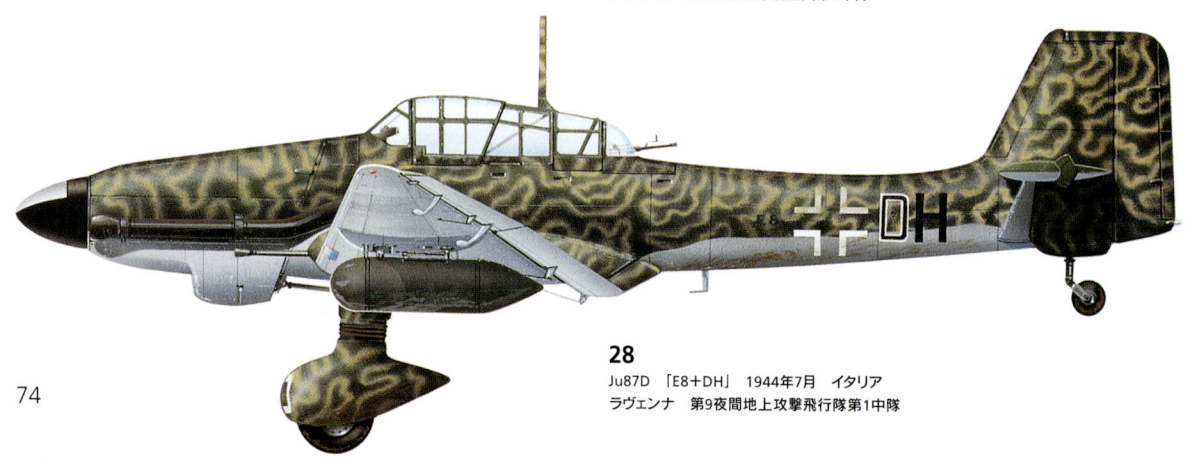

28
Ju87D 「E8+DH」 1944年7月 イタリア
ラヴェンナ 第9夜間地上攻撃飛行隊第1中隊

29
フィアットCR42 「黒の58」 1944年7月 クロアチア
アグラム（ザクレブ） 第7夜間地上攻撃飛行隊第3中隊

30
Fw190A-8/U1 「赤の115」 1944年夏 クロアチア
アグラム（ザクレブ） 第151地上攻撃航空団

31
フォッカーCV-E 「3W＋OD／白の8」 1944年8月
エストニア ラークラ 第11夜間地上攻撃飛行隊

32
Fw190F 「黒の横棒／白のE」 1944年9月 ポーランド
クラクフ 第77地上攻撃航空団本部付作戦将校機

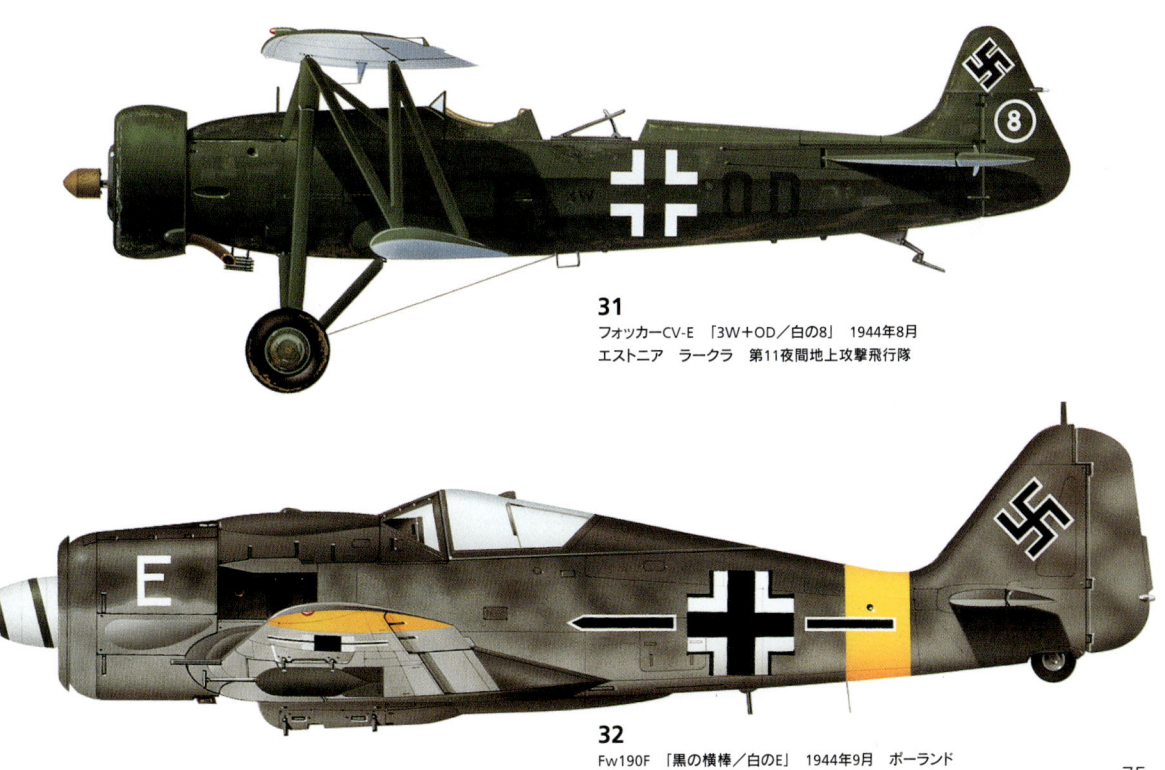

75

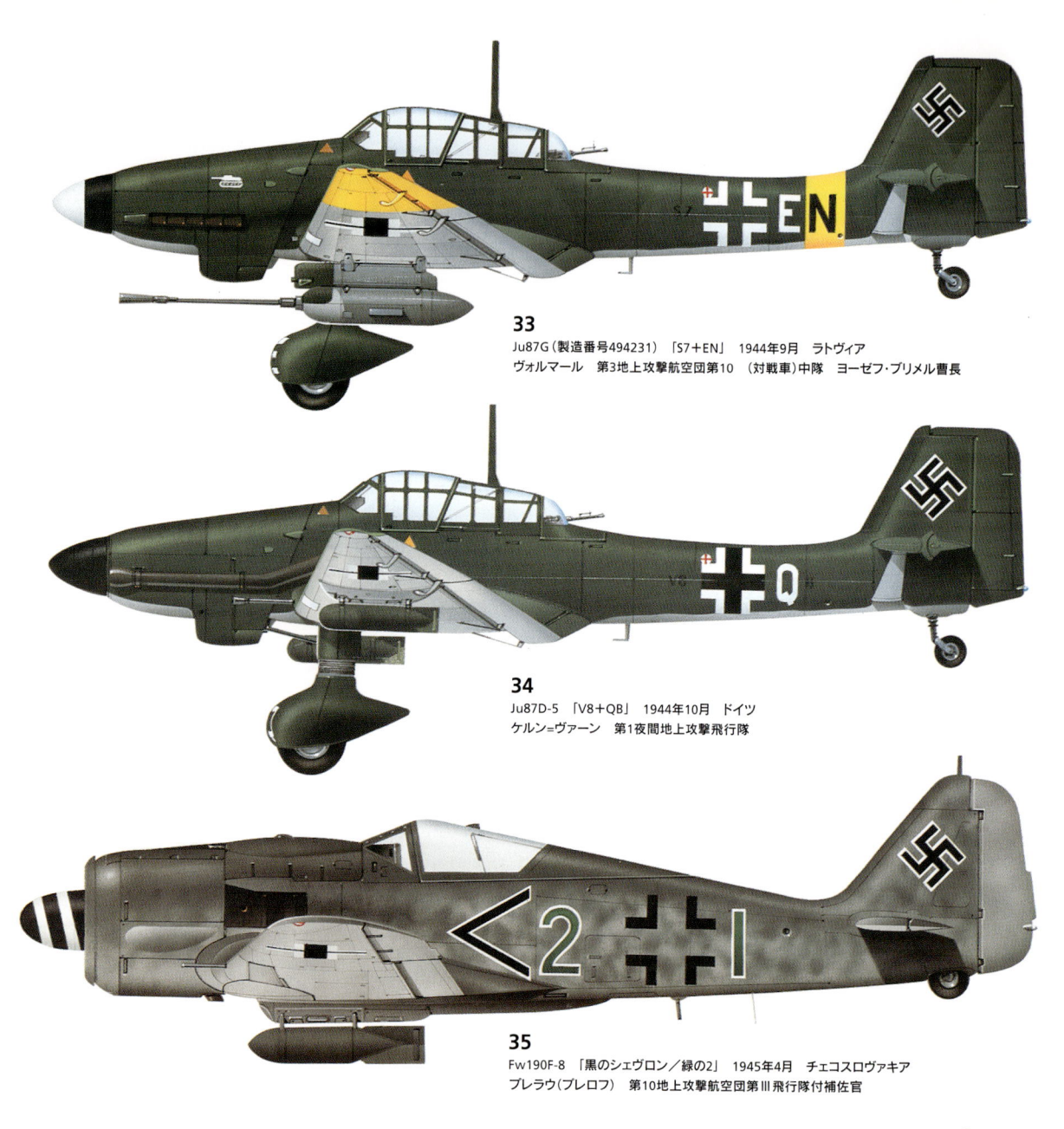

33
Ju87G（製造番号494231）「S7+EN」 1944年9月 ラトヴィア
ヴォルマール 第3地上攻撃航空団第10（対戦車）中隊 ヨーゼフ・プリメル曹長

34
Ju87D-5 「V8+QB」 1944年10月 ドイツ
ケルン=ヴァーン 第1夜間地上攻撃飛行隊

35
Fw190F-8 「黒のシェヴロン／緑の2」 1945年4月 チェコスロヴァキア
ブレラウ（ブレロフ） 第10地上攻撃航空団第Ⅲ飛行隊付補佐官

36
Fw190F-8 「黒の9」 1945年4月 シュレージエン
ゲルリッツ 第2地上攻撃航空団第Ⅱ飛行隊

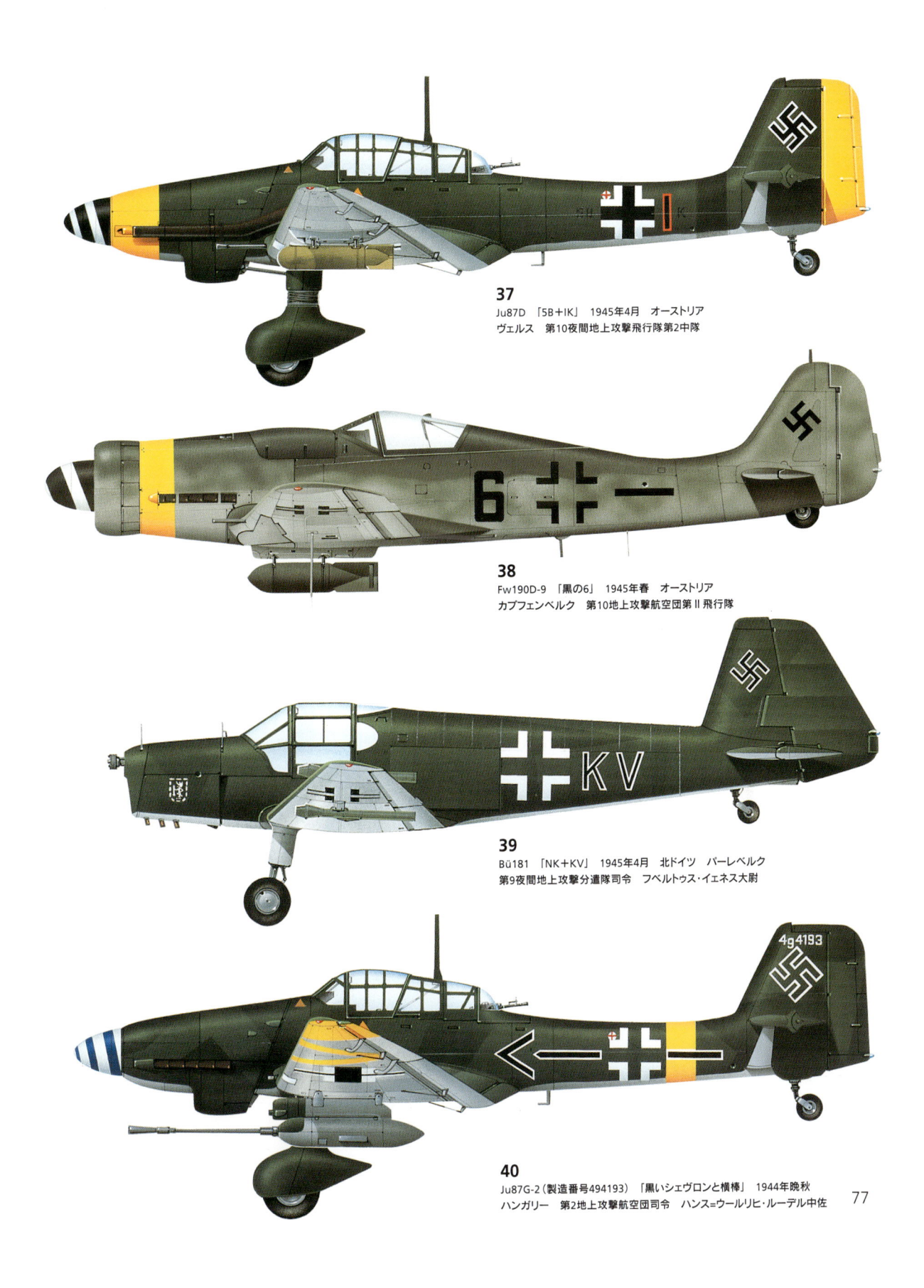

37
Ju87D 「5B+IK」 1945年4月 オーストリア
ヴェルス 第10夜間地上攻撃飛行隊第2中隊

38
Fw190D-9 「黒の6」 1945年春 オーストリア
カプフェンベルク 第10地上攻撃航空団第Ⅱ飛行隊

39
Bü181 「NK+KV」 1945年4月 北ドイツ バーレベルク
第9夜間地上攻撃分遣隊司令 フベルトゥス・イェネス大尉

40
Ju87G-2（製造番号494193）「黒いシェヴロンと横棒」 1944年晩秋
ハンガリー 第2地上攻撃航空団司令 ハンス=ウールリヒ・ルーデル中佐

部隊マーク

1
VJ/88急降下爆撃分隊
Hs123Aの胴体前部に記入

2
J/88第3中隊
アードルフ・ガランド中尉の個人マーキング

3
J/88第3中隊
He51Bの胴体に記入

4
J/88第4中隊
He51Cの胴体前部に記入

5
地上攻撃隊
Hs123、Bf109、Hs129、Fw190の胴体に記入

6
地上攻撃隊
Hs123、Bf109、Hs129、Fw190に記入（種々の場所に記入）

7
第2教導航空団第4（地上攻撃）中隊
Hs123Aの胴体前部とBf109Eのカウリングに記入

8
第2教導航空団第5（地上攻撃）中隊と第1地上攻撃航空団第2中隊
Hs123Aの胴体前部とBf109Eのカウリングに記入

9
第2教導航空団第6（地上攻撃）中隊
Hs123Aの胴体前部とBf109Eのカウリングに記入

10
第1地上攻撃航空団第Ⅱ飛行隊と第2地上攻撃航空団第Ⅱ飛行隊
Bf109EとFw190Aのカウリングに記入

11
第2地上攻撃航空団
Bf109Eのカウリングに記入

12
第2地上攻撃航空団第Ⅱ飛行隊と第4地上攻撃航空団第Ⅰ飛行隊
Fw190A/Fのカウリングに記入

13
第1地上攻撃航空団第Ⅰ飛行隊本部
Bf110Fの機首に記入

14
第1地上攻撃航空団第4(対戦車)中隊
Hs129の胴体に記入

15
対戦車部隊
Ju87Gのカウリングに記入

16
第3地上攻撃航空団第10(対戦車)中隊
Ju87Gのカウリング(？)に記入

17
第4航空艦隊司令部付嫌がらせ爆撃飛行隊第6中隊、第6夜間地上攻撃飛行隊第2中隊、それと第5夜間地上攻撃飛行隊第3中隊
Ar66、Go145、Ju87Dに記入された(可能性がある)

18
Bü181低空攻撃飛行隊第1中隊(第9夜間地上攻撃分遣隊)
Bü181のカウリングに記入

79

chapter 5

新体制
the new order

　1943年10月18日の新たに拡張された地上攻撃隊の創設は、地上攻撃部隊の根本的な性質を一挙に変えた。それ以前は地上攻撃隊パイロットになるということは、かなり高級なクラブの会員権を得るのにほぼ近かった。すなわち戦前の英国空軍の部隊にいくらか似た、誰もがお互いをよく知っている場所だった。

　しかし、5部門が統合された突然の戦力拡大で、ドイツ空軍に占める地上攻撃隊の地位は従来より遙かに陽の当たる場所に移ったことは明らかだった。だが同時に、すべての大組織と同じように非人格性という化粧板に覆われてしまうことも不可避だった。そして、実際に地上攻撃隊は北極圏から地中海まで、また英国海峡から黒海までの広範囲に部隊が展開する巨大組織になったばかりだった。このため大戦残りの期間に行われた作戦の多くは、幅広の刷毛でさっとなぞるように簡潔に述べざるを得ない。

　地上攻撃隊の地位の急激な変化を示すには、ひとつの例をあげるだけで十分だろう。開戦以来4年間に地上攻撃隊パイロットが受章した騎士鉄十字

1943年10月の大規模な部隊再編の影響が、直接には及ばなかった部隊のひとつが第2急降下爆撃航空団第Ⅱ飛行隊で、部隊に属する戦車キラーのJu87Gは以前と同様に作戦を続けた。写真の機体は尾翼の斜め帯から同飛行隊機と信じられているが、このマーキングはのちにJu87Gを装備したほかのいくつかの対戦車中隊にも適用された。

章はわずか16個にすぎない。ところが大戦最後の18カ月間には少なくとも143個(!)が授与され、それ以外に(たったひとつだけ授与されたダイアモンド・剣付黄金柏葉騎士鉄十字章を含み)、柏葉騎士鉄十字章が24個、剣付柏葉騎士鉄十字章が6個、そしてダイアモンド・剣付柏葉騎士鉄十字章が1個授与された!

　新しい部隊の大半は、既存の急降下爆撃飛行隊すべてを地上攻撃飛行隊と単純に改称しただけだが、その過程には単なる名称変更で済まない部分もある。古兵である第1、第2地上攻撃航空団の4個地上攻撃飛行隊がどのように解隊されほかの部隊に分散していったかを理解するためにも、地上攻撃隊の新体制の繋がりをおそらく最良、かつ最も簡明に示したのが以下の表である。

第1地上攻撃航空団第Ⅰ、Ⅲ飛行隊；それぞれ第1急降下爆撃航空団第Ⅰ、Ⅲ飛行隊から改称
第2地上攻撃航空団第Ⅰ飛行隊；第2急降下爆撃航空団第Ⅰ飛行隊から改称
第2地上攻撃航空団第Ⅱ飛行隊；元は第1地上攻撃航空団第Ⅱ飛行隊
第2地上攻撃航空団第Ⅲ飛行隊；第2急降下爆撃航空団第Ⅲ飛行隊から改称
第2地上攻撃航空団第10(対戦車)中隊；第2急降下爆撃航空団対戦車中隊から改称
第3地上攻撃航空団第Ⅰ、Ⅲ飛行隊；それぞれ第3急降下爆撃航空団第Ⅰ、Ⅲ飛行隊から改称
第4地上攻撃航空団第Ⅰ飛行隊；元は第2地上攻撃航空団第Ⅱ飛行隊
第4地上攻撃航空団第Ⅱ飛行隊；元は第10高速爆撃航空団第Ⅱ飛行隊
第4地上攻撃航空団第Ⅲ飛行隊；元は第10高速爆撃航空団第Ⅲ飛行隊
第5地上攻撃航空団第Ⅰ飛行隊；第5急降下爆撃航空団第Ⅰ飛行隊から改称
第10地上攻撃航空団第Ⅰ飛行隊；元は第2地上攻撃航空団第Ⅰ飛行隊
第10地上攻撃航空団第Ⅱ飛行隊；元は第10高速爆撃航空団第Ⅳ飛行隊
第10地上攻撃航空団第Ⅲ飛行隊；元は第77急降下爆撃航空団第Ⅱ飛行隊
第77地上攻撃航空団第Ⅰ飛行隊；第77急降下爆撃航空団第Ⅰ飛行隊から改称
第77地上攻撃航空団第Ⅱ飛行隊；元は第1地上攻撃航空団第Ⅰ飛行隊
第77地上攻撃航空団第Ⅲ飛行隊；第77急降下爆撃航空団第Ⅲ飛行隊から改称
第77地上攻撃航空団第10(対戦車)中隊；第1急降下爆撃航空団対戦車中隊から改称

　この表からわかるかもしれないが、第2急降下爆撃航空団第Ⅱ飛行隊は1943年10月に実施された全面的な名称変更の対象には含まれていなかった。同飛行隊は第4航空艦隊の隷下で、専門の対戦車飛行隊、第2急降下爆撃(対戦車)航空団第Ⅱ飛行隊として以後5カ月間にわたって実戦運用された。この部隊がJu87G装備の新しい対戦車中隊、つまり第3地上攻撃航空団第10(対戦車)中隊と第77地上攻撃航空団第10(対戦車)中隊を編成するため分割されたのは、1944年3月のことだった。このとき、後者の部隊は上の表にある同名の中隊と交替し、その第77地上攻撃航空団第10(対戦車)中隊は元の航空団に第1地上攻撃航空団第10(対戦車)中隊として追加された。

　しかし、東部戦線のHs129装備の5個対戦車中隊は1943年10月18日の再編成の一環として、次のようにひとつの飛行隊、第9地上攻撃航空団第Ⅳ(対戦車)飛行隊に統合された。

1943年10月の部隊再編における施策のひとつは、既存の5個Hs129中隊を第9地上攻撃航空団第Ⅳ(対戦車)飛行隊という1個の飛行隊に統合することだった。東部戦線で迎えた三度目の冬に、新編部隊の所属機には人目を引き付け混乱させるある種の冬季迷彩が塗られ始めた。

ソ連空軍の脅威はまだとるに足らない段階のため、戦線後方地域に置かれた訓練組織は地上攻撃隊の伝統的な黒い三角を使い続けた。最後までそうしていたのが第151、第152地上攻撃航空団のFw190で、写真の2機は後者の部隊に属する。

第9地上攻撃航空団第10(対戦車)中隊 ； 元は第1地上攻撃航空団第4(対戦車)中隊
第9地上攻撃航空団第11(対戦車)中隊 ； 元は第1地上攻撃航空団第8(対戦車)中隊
第9地上攻撃航空団第12(対戦車)中隊 ； 元は第2地上攻撃航空団第4(対戦車)中隊
第9地上攻撃航空団第13(対戦車)中隊 ； 元は第2地上攻撃航空団第8(対戦車)中隊
第9地上攻撃航空団第14(対戦車)中隊 ； 元は第51戦闘航空団対戦車中隊

　航空団全体が対戦車部隊という編制になる部隊はついに実現せず、ほかに計画されていた飛行隊のうち、第9地上攻撃航空団で陽の目を見たのは第Ⅰ飛行隊だけだった。しかしそれも1945年1月まで編成されず、そのときになってJu87G装備の第1地上攻撃航空団第10(対戦車)中隊と第3地上攻撃航空団第10(対戦車)中隊が抽出され、それにかつての第9地上攻撃航空団第12(対戦車)中隊(のちにロケット弾装備のFw190に機種転換する)が加わり第Ⅰ飛行隊が編成された。

　急降下爆撃隊の解隊は、すべての急降下爆撃訓練組織を同様に新しい地上攻撃隊体制に組み込むことも意味した。そこで新たに3個(4番目は1944年12月に追加される)訓練航空団、つまり第101、第102、第103地上攻撃航

空団と2個の高等訓練航空団の第151、第152地上攻撃航空団が編成された。

　これらの訓練航空団のいくつかはのちに、中隊あるいは飛行隊規模でいわゆる実戦部隊を新設した。構成員は教官と訓練生から選ばれた者で、空軍最高司令部が1945年2月13日にそれらの解隊を命じるまで、すべての戦線で出撃した。

　1943年10月18日の大規模再編に関係した最後の部隊が東部戦線の夜間嫌がらせ爆撃中隊だった。北方戦区で第1航空艦隊の4個中隊は2個ずつ組になり、第1、第3夜間地上攻撃飛行隊となった。中央戦区の第6航空艦隊の3個中隊は第2夜間地上攻撃飛行隊となり、南方戦区の第4航空艦隊は6個中隊を第4、第5、第6夜間地上攻撃飛行隊に分割した。

　ほぼ同じ頃、さらに2個飛行隊が編成された。ひとつは第7夜間地上攻撃飛行隊（NSGr7）で、南東方面夜間嫌がらせ爆撃中隊（Störkampfstaffel Südost）と、バルカン北部で主に昼間は偵察、夜間は対パルチザン作戦に従事していたクロアチア近距離偵察中隊（Nahaufklärungsstaffel Kroatien）の一部が合体し編成された。もうひとつの第11夜間地上攻撃飛行隊（NSGr11）はエストニア人義勇兵で構成され、それまではエストニアのバルト海沿岸部で海上哨戒任務に就いていたが、同じ地域の夜間地上攻撃任務のために改編された。

　大戦終結直前の数カ月間に、さらに6個夜間地上攻撃飛行隊と、飛行隊の傘下に入らず作戦する2個夜間地上攻撃中隊が編成された。しかし、

新編成された第7夜間地上攻撃飛行隊の第3中隊はイタリアのフィアットCR42複葉機を装備した。1944年初めにチェコスロヴァキアで練成後、同中隊はバルカン方面で作戦するため飛行隊のほかの二中隊と合流した。

夜間地上攻撃隊の戦列に新たに加わったもうひとつの新編部隊、第11夜間地上攻撃飛行隊はエストニア人で構成されていた。同飛行隊に属するこの冬季迷彩が塗られたHe50（「3W+NR/20」）は、1944年初めに多分イェーヴィの、木材が敷き詰められた周回路上を移動している。

1943年10月の複合した部隊再編の影響が及んだ一番最後の部隊は、上シュレージェンのシュトゥーベンドルフに在った第11計器飛行訓練学校（Blindflugschule 11）で、夜間地上攻撃任務に関わるすべての乗員訓練を担当する第111地上攻撃航空団（SG111）に生まれ変わった。

　上に述べた部隊再編が地上攻撃隊の組織を簡素化したことに疑う余地はない。しかし実際に関わる地上の戦況には、当初目立った効果をほとんど与えなかった。すべての急降下爆撃部隊は最終的にFw190へ機種転換が予定されていたが、転換した最初の2個飛行隊、すなわち第1地上攻撃航空団第II、第III飛行隊が作業を完了したのは1944年晩春から初夏にかけてである。事実、大半の元急降下爆撃飛行隊は以前と同じくJu87を使い続けたため、そうした部隊の物語は東部戦線における急降下爆撃隊の歴史の一部に含める方が遥かに適当と思われる。

　それ故、1943年10月以前から地上攻撃飛行隊だった4個飛行隊にとって、以後8カ月間は新体制に変わりはしても「いつもと同じ仕事」にすぎなかった。

　そうした飛行隊のひとつ、元第2地上攻撃航空団第II飛行隊（II./SchlG2）は、所属する航空団全体がFw190を装備した第4地上攻撃航空団第I飛行隊（I./SG4）と改称され、まだイタリアで作戦していた。同航空団はハインリヒ・ブリュッカー少佐が以前から指揮していた。彼はスペインで最初の試験的なHs123の3機編隊を率い、コンドル軍団に属していた間に約250回の出撃を記録し、その間に戦術を開発し以後の地上攻撃部隊の基礎を築いた、あの「ルビオ」・ブリュッカーである。同僚からは今や一般的な愛称で呼ばれ、「ハイン」・ブリュッカーとして知られる彼は、その後は急降下爆撃飛行隊と高速爆撃飛行隊の双方を指揮し、自分が率いる新しい航空団のパイロットたちにその激しい闘争心をたちまち浸透させた。

　同航空団の第III飛行隊だけは1943年11月上旬に、まずオーストリアのグラーツに機種転換のため後退し、それからフランス北東部に派遣された。だが第III飛行隊が抽出されても、第4地上攻撃航空団はイタリア中部防衛陣の士気を鼓舞するだけの、30機を超える出撃可能なフォッケウルフをまだ擁していた。通常は数個の4機編隊で出撃したが、ときには1日でのべ最大80か

アンツィオ橋頭堡の対空防御網から生き延びるため第4地上攻撃航空団機が頼る羽目になった戦法。シュトゥーカのように急降下角65度で降下中の爆装したFw190地上攻撃機。

イタリア中部に展開していた第4地上攻撃航空団の2個飛行隊は、空中と同様に地上でも攻撃からは脆弱だった。この写真の第4地上攻撃航空団第I飛行隊機は、迷彩を施された給油車から素早い燃料補給を受けているところである。やはりカモフラージュネットが被せられたポンプ車と、半分地中に埋められた燃料ドラム缶の覆いが手前にどかされ、隠し場所があらわになっていることに注目。

開けた場所で危険な状態にある左頁の機体と比較すると、周囲の木々がこの機体に少なくとも空襲に対するいくばくかの隠れ蓑を与えている。スピナーの渦巻きと、第2地上攻撃航空団第Ⅱ飛行隊時代から受け継がれている第Ⅰ飛行隊のマークに注目。

ハインリヒ・ブリュッカー少佐が急に去ったあと、第4地上攻撃航空団の指揮はゲオルク・デルフェル少佐が引き継いだ。しかしイタリアにおける彼自身のわずか3回目の出撃時にローマ近郊で戦死を遂げた。それはイタリアの踵に相当する場所から、南フランスの目標を攻撃に向かう米軍重爆撃機相手の戦闘だった。

ら90ソーティ［毎回の出撃機数の総計］も出撃し、道路上の連合軍輸送隊、砲兵陣地、飛行場を攻撃した。

　しかしほかのすべての前線と同様に、戦況を支配するものは空中における個々の達成戦果ではなく、地上における戦いの推移だった。そして、1944年1月に連合軍がローマから南にわずか50kmほど離れたアンツィオに上陸したことが、第4地上攻撃航空団がイタリアに展開後数ヵ月の支配的要素となった。上陸部隊は橋頭堡の包囲を突破する試みをほとんどせず、英国首相チャーチルは彼らの行動を「陸に揚がった鯨」になぞらえたが、それでも彼らの存在はイタリアの背骨を通って南まで延びたドイツ軍前線に対する潜在的脅威となった。

　ブリュッカー率いる2個飛行隊は、いずれもイタリアの首都の北にあるリエティに第Ⅰ飛行隊が、ヴィテルボには第Ⅱ飛行隊がそれぞれ駐留しており、アンツィオ橋頭堡の攻撃にしばしば投入された。当初は戦闘機の援護を受けたため、第4地上攻撃航空団が始めの頃に被った損害は軽微だった。だが、イタリア中部に配備されていたドイツ空軍戦闘機隊の引き揚げが進む一方で、敵橋頭堡の対空防衛網も強化され、状況はすぐに悪化した。

　同航空団は特定の目標に対し通常使う一列縦隊の浅い降下角度による接近方法を放棄せざるを得ず、代わりにほとんど急降下爆撃に近い65度の角度で降下してぎりぎりで引き起こし、時速800kmで唸りをあげながら目標地区を横断した。この方法で望む結果が得られないとわかると、ブリュッカーの部下のパイロットたちは次に戦闘爆撃機が使う「電撃的な素早い」攻撃を敵の橋頭堡と沖合の艦船に対し敢行した。だが、戦果が少ない反面、損害は増加した。

　人的損害には騎士鉄十字章を受勲して間もない2名の飛行隊長が含まれていた。ハインリヒ・ツヴィプフ大尉は1943年12月1日にヴェルナー・デルンブラックから第4地上攻撃航空団第Ⅰ飛行隊の指揮を引き継いだが、4月7日に連合軍戦闘機に襲われたのち、リエティに不時着を試みて死亡した。第Ⅱ飛行隊長ゲーアハルト・ヴァルター大尉は翌月の5月18日に、ヴィテルボの東でスピットファイア2機を相手の格闘戦で戦死した。ヴァルターは1機を撃墜したのち機体から緊急脱出を余儀なくされた。彼は尾翼にぶつかって気を失ったのに違いない。落下傘を開くことができなかった。

　5月のもうひとりの「損失」は航空団司令「ハイン」・ブリュッカーで、噂によれば彼はほかの部隊からきた反抗的な士官を平静を失い殴ったことで、その月の上旬に指揮権を剥奪されたという。彼の後任の航空団司令にはゲオルク・デルフェル少佐が指名され、以前の出撃禁止措置はのちに解かれたようだ。

　ゲーアハルト・ヴァルターの戦死から5日後、連合軍はついにアンツィオ橋頭堡から打って出始めた。それまでにカッシーノ近くの前線の地上掃射任務にも何度か派遣されていた、第4地上攻撃航空団のFw190は、地上攻撃任務はほぼ完全にあきらめて、結果的には戦闘機としての任務に出撃した。しかしその任務についての訓練を受けていなかったため、彼らの損害は急上昇した。5月21日、スピットファイアとの戦闘でパイロット24名のうち7名を喪失。25日に2個飛行隊を合わせて帰還できたのはわずか20名で、4名を失った。その翌日、悪いことが起きた。

　5月26日、ゲオルク・デルフェル少佐はイタリアにおける自身のわずか3回目の出撃で、8日前のゲーアハルト・ヴァルターと同じ運命をたどった。ローマ

1943年から44年にかけての冬にロシア戦線の南方戦区で撮影された、航空団は不明だが第Ⅱ飛行隊に所属する「白のS」。しかし第2地上攻撃航空団第Ⅱ飛行隊か、第10地上攻撃航空団第Ⅱ飛行隊のいずれかであることはほぼ確実だ。

すでに63頁に掲載したものと驚くほどよく似た写真。背景が熱波の地中海から寒いロシアの冬に変わっただけである。

の北西15kmの地点で米軍重爆撃機編隊を攻撃中に、デルフェルの乗機Fw190は被弾した。彼は何とか機外に脱出したが、落下傘を開く試みがまったくなされなかったため、彼もまた脱出の際に尾翼にぶつかったと信じられている。「オルゲ」・デルフェルは死後に中佐へ特進する栄誉を受けた。

　航空団司令の戦死は第4地上攻撃航空団のイタリアにおける活動の終わりも印した。1カ月以内に、2個飛行隊は北イタリアに移動した。いずれもチューリンに近いアイラスカに第Ⅰ飛行隊が、レヴァルディジには第Ⅱ飛行隊がそれぞれ後退し、そこで彼らは東部戦線に移動する準備として、合計90機ま

爆装したFw190がロシア南部の雪にうっすらと覆われた飛行場から離陸する。一方、背後の機体は順番を待ち、離陸地点の周回路のあたりで十分に間隔を空け待機している。

この写真は地上攻撃部隊と、支援を受ける側の陸軍と武装親衛隊から成る地上部隊との緊密な連携を物語っている。1944年1月初めに東部戦線南方戦区のカスカフ、パンター戦車の一団が通過しているかたわらで、第10地上攻撃航空団第Ⅱ飛行隊のFw190が飛行場で整備を受けている。

1月に入ると次第に雪が重くなり、さらにたくさん降ったため、カスカフの地表は一面白銀の世界に変わった。第10地上攻撃航空団第Ⅱ飛行隊のFw190が次の出撃に向け準備を進めている。一時的な白い冬季迷彩にも関わらず、機体は周囲の風景にさほど溶け込んでいない。

カスカフで設営された第10地上攻撃航空団第4中隊の地下指揮所の外で、スナップ写真に応じるヴェルナー中尉。目立つように掲げられた中隊マークはすでにお馴染みかもしれない。図柄はこの場にいくらか不釣り合いなもので、狐が商船を嚙みくだいている。実は、このマークが導入されたのは英仏海峡方面の第2戦闘航空団第10(戦闘爆撃)中隊にまで遡る。その後はまず第10高速爆撃航空団第Ⅳ飛行隊に吸収され、それから現下の第10地上攻撃航空団第4中隊に変わったのだ。

で戦力の完全回復を図った。

　かつて地中海戦域に派遣されたことがある、元第2地上攻撃航空団第Ⅰ飛行隊 (I./SchlG2) は、1943年10月に第10地上攻撃航空団第Ⅰ飛行隊 (I./SG/10) と改称されたのとほぼ同時期から、ずっと東部戦線で作戦していた。

　オーストリアで再訓練を完了したのち、第10地上攻撃航空団第Ⅰ飛行隊は同航空団のやはりFw190を装備した別の飛行隊、第Ⅱ飛行隊とともに、11月上旬にロシア戦線の南方戦区で第4航空艦隊の指揮下に入った。赤軍は11月6日にキエフを再占領し、ドニエプル河の西岸を確保していた。翌月、ソ連軍は最初の反攻を発動し、その結果、1944年4月までにウクライナ全土が解放されることになる。

　第10地上攻撃航空団の2個飛行隊は、黒海海岸に沿った戦線の南縁を担当する第Ⅰ航空軍団と連携し、たちまち激しい戦闘に巻き込まれた。彼らは再建された第6軍が(スターリングラードで全滅した1カ月後の1943年3月に編成された)、ドニエプル河下流に沿ったソ連軍の進撃を食い止める試みを支援したが、それに失敗したあとは、ウクライナ南部を横断しルーマニア国境に向かう赤軍の進撃を遅らせるべく試みた。

　この時期の第10地上攻撃航空団の活動に関してはほとんど知られていないが、数字を示すだけで十分だろう。1943年12月31日時点で両飛行隊は合計16機の出撃可能なFw190を擁していた。その1カ月後、ハインツ・シューマ

名前のない写真に戻る。ある第Ⅱ飛行隊(多分、第77地上攻撃航空団)のFw190の2機編隊が、1944年春に南方の草原地帯でどこかの基地に帰還する。

ン少佐が11月に離任(理由に関しては不明)して以来、空席となっていた同航空団司令にゲオルク・ヤーコプ少佐が就任した。

きわめて経験豊富な急降下爆撃パイロットだったゲオルク・ヤーコプは、地上だけでなく空中でも航空団を率いるため、Fw190に転換したばかりだった。しかし、西に向かうソ連軍の断固たる進撃を前に、彼すらも退却し続ける第10地上攻撃航空団を止めることはできなかった。ヤーコプ少佐と彼の2個飛行隊は1944年4月1日までにドネツ河流域のティラスポリに押し返された。4月末までに彼らはルーマニアの土を踏んでおり、航空団本部と第Ⅱ飛行隊はライプツィヒに、第Ⅰ飛行隊は黒海沿岸のママイアにそれぞれ後退した。

6月19日、ゲオルク・ヤーコプ少佐が通算1000回出撃を達成したとき、彼の率いる第10地上攻撃航空団本部は同第Ⅰ飛行隊と一緒にカルパチア山脈の麓のバカウに駐留していた。だがそうした個人戦果の達成は、全般的な戦況とは次第に無関係となりつつあった。そのわずか3日後、赤軍は1944年夏期攻勢を発動し、大戦は終盤に突入した。

戦闘を続けながらウクライナ南部を退却していた第10地上攻撃航空団第Ⅰ飛行隊とは対照的に、当初からの地上攻撃飛行隊で、かつてゲオルク・デルフェルが率いた元第1地上攻撃航空団第Ⅰ飛行隊(Ⅰ./SchlG1)を改称した、第77地上攻撃航空団第Ⅱ飛行隊(Ⅱ./SG77)は、1944年前半、驚くほど駐留地を動かなかった。第4航空艦隊の戦闘序列によると、同飛行隊はその間の大半はポーランドのレンベルク(ルヴォフ)に駐留し、保有するFw190も31機から35機の間でほぼ一定していた。

Ju87を装備した第77地上攻撃航空団のほかの部隊は、航空団司令ヘルムート・ブルック中佐の航空団本部と戦車キラーの第10(対戦車)中隊を含め、1944年2月から6月までのさまざまな時期にやはりレンベルクに駐留していたが、ほとんどそこに居座った感がある第Ⅱ飛行隊のFw190ほどではなかった。

4つの元地上攻撃飛行隊の最後、第1地上攻撃航空団第Ⅱ飛行隊(Ⅱ./SchlG1)は、ドイツ空軍の全急降下爆撃部隊で最も有名となる第2急降下爆撃航空団「インメルマン」(StG2)と協調して作戦した。その第Ⅱ飛行隊だけが相変わらず急降下爆撃飛行隊に分類され、1943年10月18日以降は

第2急降下爆撃航空団第II(対戦車)飛行隊(II(Pz)./StG2)として急降下爆撃隊の孤塁を守っていたが、新編成の第2地上攻撃航空団「インメルマン」(SG2)の空いた第II飛行隊の穴を埋めたのが元の第1地上攻撃航空団第II飛行隊であった。同飛行隊は新任の飛行隊長ハインツ・フランク少佐に率いられていた。

　第10地上攻撃航空団と同じく、ハンス・カール・シュテップ少佐率いる第2地上攻撃航空団もやはり第I航空軍団の傘下に入り、ドニエプル戦線の守備に就いていた。戦術面では第2地上攻撃航空団第II飛行隊のFw190は第III飛行隊のJu87とたびたび連携して出撃し、第52戦闘航空団第II飛行隊が両飛行隊の護衛として何度も随伴した。11月25日、第2地上攻撃航空団第III飛行隊長ハンス＝ウールリヒ・ルーデル大尉は通算1600回の出撃とソ連戦車118両破壊を達成して、剣付柏葉騎士鉄十字章を受勲した。その5日後、第52戦闘航空団第II飛行隊長ゲーアハルト・バルクホルン大尉は200機目のソ連空軍機を撃墜した。しかしこうしたパイロットたちの豊富な経験さえも、ウクライナを飲み込もうとする敵の大波に抗することはほとんどできなかった。

　1944年1月中旬、キロヴォグラード近くでソ連軍が前線を突破した結果、第2地上攻撃航空団第II飛行隊の戦歴は危うくお終いになるところだった。ソ連軍のT-34戦車が彼らの飛行場に突如出現したのである(本シリーズ第9巻「ロシア戦線のフォッケウルフFw190エース」の46～47頁を参照)。この事件から辛くも生き延びた同飛行隊はその後の数日間、ドニエプル河西岸の敵の進撃が勢いを増すにつれ、最初はウマン、次いでクリヴォイ・ログに急遽派遣された。

　東部戦線三度目の冬が深まった時期、全面撤退の混沌と混乱の真っ最中に、第2地上攻撃航空団第II飛行隊はフォッケウルフと並んで、またもや一握りのHs123を運用し始めた。この措置の理由と運用に関し完全には明らかになっていない。だが、老いぼれてはいるが相変わらず不屈の「123(アインス＝ツヴァイ＝ドライ)」は、1944年4月末まで同飛行隊の戦力に止まった。

　ソ連軍が黒海沿岸に沿って西に向かい進軍し続けた結果のひとつとして、クリミア半島を守備するドイツ軍部隊が本隊から切り離されてしまった。陸からの連絡が途絶したため、第17軍を海から撤退させようとする計画が持ち

1944年5月8日、第VIII航空軍司令官ハンス・ザイデマン大将は第77地上攻撃航空団の通算出撃10万回達成を祝福するため、ポーランドのレンベルク(ルヴォフ)の同航空団基地を訪れた。「アフリカ」袖章をつけたザイデマン(右)が、航空団司令ヘルムート・ブルック中佐(左)と話をしている。

敵機撃墜に関し他を大きく引き離し、最も成功した地上攻撃隊パイロットは、第2地上攻撃航空団第5中隊のアウグスト・ランベルト少尉だった。この写真は1944年5月14日に、90機撃墜の功で騎士鉄十字章を受勲する直前に撮影された。大戦終結直前に戦死するまでに、ランベルトの総撃墜数は116機に達した。

上がった。しかし、ヒットラーは、クリミアを放棄することによってソ連軍が重要なルーマニアの油田攻撃に空軍基地を使えることを恐れ、同半島の死守を命じた。

こうして、1944年1月23日に第2地上攻撃航空団第Ⅱ飛行隊のパイロットたちは南方のクリミアに向け移動するため、ソ連第4ウクライナ方面軍の占領していた地域上空の、彼らにとっては不慣れなほどに高い、高度約4500mを注意深く飛行していた。彼らの目的地は半島東端のケルチ近くのバゲロヴォにある複合型飛行場だった。

そこは2年前にドイツ陸軍がカフカス方面に進撃を始めたとき、第1地上攻撃航空団第Ⅱ飛行隊(Ⅱ./SchlG1)が戦ったまさに同じ地域だった。失敗に帰したその企ての生き残りたちはウクライナを横切って撤退しており、クリミアは孤立したままだった。ケルチ周辺の飛行場はすでに爆破の準備をされており、定常的な空爆の目標となり、すぐに長距離砲の砲撃も加わった。

事態が好転する見込みがないこうした状況にあっても、地上攻撃隊パイロットたちは空中戦で大戦最大の撃墜戦果をあげた。第2地上攻撃航空団のJu87装備部隊が大陸の赤軍を攻撃し続けた一方、同第Ⅱ飛行隊のFw190はクリミア半島上空で空中戦に巻き込まれる機会が増えていった。3月29日にハンス＝ウールリヒ・ルーデルは敵戦車200両以上を破壊した功でダイアモンド・剣付柏葉騎士鉄十字章を受勲し、翌月に同航空団は大戦開始以来の通算出撃回数が10万回に達したことを祝った。

戦力比で圧倒的に凌駕された状態で行われたクリミア半島防衛は、大衆の関心を集め想像力を掻き立てた。第2地上攻撃航空団第Ⅱ飛行隊の偉業は国防軍最高司令部(OKW)が発表する毎日の戦況速報に採り上げられ始めた。たとえば1944年4月20日は：

「セヴァストポリ北東で敵36機を撃墜し、さらに20機を地上で破壊した。この戦闘で、ある地上攻撃航空団の中隊長シュモラ中尉は目覚ましい働きを示した(実際、第5中隊のルードルフ・シュモラは3機を撃墜しただけでなく、6機を地上撃破した)」

このときまでに同飛行隊はバゲロヴォから撤退、カランクートを経由して、クリミア半島の南西端にある歴史的な要塞、セヴァストポリに近いヘルソニェス南にいた。それからちょうど1週間後、同飛行隊はふたたび戦況速報に登場する。

「フランク少佐に率いられセヴァストポリ地区に駐留していたある地上攻撃飛行隊は、4月12日から26日にかけてクリミア上空で合計106機の敵機を撃墜し、さらに地上で28機を破壊した」

そして5月5日には：

「セヴァストポリ近くで敵14機が我が戦闘機に撃墜され、15機が地上攻撃機に撃墜された。またもランベルト少尉が目覚ましい戦果をあげた」

ここで述べている「戦闘機」とは第52戦闘航空団第Ⅱ飛行隊のBf109のことで、バゲロヴォでは第2地上攻撃航空団第Ⅱ飛行隊のそばに駐留していたが、今は彼らと一緒にヘルソニェス南にいた。そして「ランベルト少尉」とはアウグスト・ランベルトのことで、すでに地上攻撃パイロットでは史上最多撃墜数を誇っていた。

飛行訓練教官を永年務めたのち、アウグスト・ランベルト上級曹長は1943年春に第1地上攻撃航空団第Ⅱ飛行隊(Ⅱ./SchlG1)に配属された。しかし、

彼の戦果はそれから1年後まで驚異的な上昇を見なかった。今やシュモラが率いる第5中隊所属の少尉となっていたランベルトは、セヴァストポリ周辺におけるわずか3週間の戦闘で総撃墜数を20機から90機に増していた！　彼は一度に多数機撃墜を何度も記録し、最高は一日で17機だった。クリミアに4カ月いた間に同飛行隊があげた撃墜戦果247機のうち、三分の一はランベルトが撃墜した。

　すでに彼の総撃墜数は、地上攻撃隊で彼に次ぐ撃墜記録者の最終撃墜機数［巻末の付録を参照］の2倍に達していた。だが、こうした戦果にもかかわらず、そして日々の戦況速報に少なくともあと4回、敵機撃墜だけでなく敵戦車破壊の功でも採り上げられるのだが、ランベルトはまだ騎士鉄十字章受勲の栄誉に浴してはいなかった。同飛行隊の元隊員のひとりは次のような意見をいまだに堅持している。それはランベルトが同飛行隊付補佐官と撃墜数を競っており、その補佐官はランベルトの才能を惜しんだためでなく、彼がさらに戦果を重ねるのを阻止するため、ランベルトを実戦出撃任務から外し、半島から後方地域のルーマニアにある司令部に飛行し戻ることをお膳立てした、というものだ。

　こうした主張の背後にある真実がどうであれ、クリミアから撤退後の5月14日に、ようやくランベルトは騎士鉄十字章を受勲した。そして、そのあと第2地上攻撃航空団第Ⅱ飛行隊の勤務には戻らず、代わりに訓練部隊である第151地上攻撃航空団で高等飛行訓練教官を務めたことは多分暗示的ではある。

　同飛行隊のクリミアにおける成功は代償なしで成し遂げたわけではなかった。装備面では保有機が36機からわずか14機にまで減少した（4月25日現在でFw190とHs123を合計した数字）。パイロットの損失もまた甚大だった。そのなかには、やはりルードルフ・シュモラ率いる第5中隊員のエーレンフリート・ラゴイス上級曹長がいた。1944年3月に地上攻撃隊だけで14名（！）も輩出した騎士鉄十字章受勲者に含まれる、真の古兵だった「フレート」・ラゴイスは、フランス戦において最初に撃墜されたHs123を操縦していた。彼はその機体から歩き去った。しかし4月15日早朝の偵察飛行に出撃したとき、彼にヘルソニェス南基地へ戻れる見込みはなかった。彼の乗機Fw190はドイツ海軍の40mm対空砲の直撃弾を浴び、まっすぐ黒海に墜落した。

　第2地上攻撃航空団第Ⅱ飛行隊の最後の機体がヘルソニェス南を離陸したのは5月9日のことで、ドイツ軍がクリミアから最終的に撤退する3日前のことだった。彼らはルーマニア沿岸のママイアを経由し、プロエスティ油田から東に約70km離れたツィリステアに移動した。そこで彼らは再訓練を始め、米軍重爆撃機に扮したJu88を相手に模擬空戦を行なった。

　イタリアに展開していた米第15航空軍はルーマニアの油田地帯に対する攻撃を開始したばかりだった。そして多分、クリミア上空で成功を収めた際に発揮された能力から、同飛行隊が油田地帯を守る戦闘機戦力を増強する一助として推薦されたのは明らかだった。彼らとほかの多くの地上攻撃隊パイロットたちは来る何週間、何カ月にもわたって、空中で増加する一方の米軍機と実際に交戦することになった。さらにプロエスティ地区以外にも、連合軍の2つの大規模攻勢が発動されようとしていた。そして突然、地上攻撃隊は東西南北から攻撃を受けることになった。

chapter 6

敗走
retreat on all fronts

　何年にもわたって林立するにまかされていた並置多種の地上攻撃部隊は、遂にその価値を認識され、ドイツ空軍の戦闘能力に不可欠な寄与をする別の存在として再編された。それは、かつては華々しかった急降下爆撃隊に代わって戦術攻撃部隊の主力となり、かつてJu87を装備していた部隊はさらに強力なFw190に転換して前線に復帰しつつあった。地上攻撃部隊はやっとのことでその歴史で初めて大規模な作戦を仕掛ける地位に就いた。よく知られた言い回しを使うと、それは「いつ果てるともなく続いた始まりの終わり」だった。

　1944年5月下旬の前線における戦闘序列に新たなFw190装備飛行隊が登場してほんの数日で、まだ彼らが存在感を示す前に、ドイツ側にとっては文字通り空が落ちてきた。東側、西側の連合軍はどちらもかつてないほど大規模な反攻を仕掛けた。北と南でもやはり圧力は高まり、枢軸国の同盟諸国は今にも倒れようとしていた。

　ドイツ空軍がかつて編成した最大かつ最強の地上攻撃部隊はただちに守備に回ったが、10カ月に及ぶ退却の末に、残骸が散乱するなかでドイツ第三帝国が分割され終末へと続くことになる。「始まりの終わり」は、瞬く間に「終わりの始まり」へと変化した！

南方戦域
Southern Fronts

　1944年6月4日、米軍がローマに入城した直後に第4地上攻撃航空団はイタリア中部から引き揚げた。そのため大戦残りの期間にイタリアでドイツ空軍が唯一実施可能な地上攻撃作戦は暗闇にまぎれて遂行された。

　第9夜間地上攻撃飛行隊（NSGr9）は、1943年11月にスロヴァキアで第3

第4地上攻撃航空団がイタリアから撤退したのち、その地方に駐留した唯一の地上攻撃戦力は夜間攻撃を遂行する部隊だった。第9夜間地上攻撃飛行隊第1中隊のJu87D「E8＋HH」は、濃密な重ね塗りが施されたため胴体国籍標識がほとんど隠されている。こうした塗装は、イタリアの米英連合軍に対する地上攻撃に暗闇にまぎれて出撃したシュトゥーカの典型的な迷彩だった。

一方、遥か北方では敵の地上攻撃の脅威がほとんどなかったため、第5地上攻撃航空団第1中隊の冬季迷彩のJu87に、明るい日差しの下、開けた場所で爆弾が搭載されている。後方では第4中隊のFw190が離陸上昇しており、250kg爆弾が胴体下にはっきりと見える。

夜間地上攻撃飛行隊（NSGr3）から抽出された兵員を中核として編成された。当初は双発のカプローニCa.314を装備した第1中隊はその年末までにイタリアに移動し、南アルプス地方で昼間の対パルチザン作戦に従事した。同中隊は1944年初めに特別に夜間作戦用に改造されたフィアットCR.42複葉機を装備する第9夜間地上攻撃飛行隊第2中隊と合流した。

第3中隊は1944年7月まで編成されなかったが、1944年2月にルペルト・フロスト大尉が同飛行隊の指揮をとった。そしてフロストは少佐に昇格したのちの、11月25日に夜間地上攻撃パイロットでは全部で7名しか受勲しなかった騎士鉄十字章を最初に受章した。Ca.314が夜間作戦にはまったく適さないことがすぐに明らかとなり、第9夜間地上攻撃飛行隊第1中隊はじきにJu87へ転換し始めた。それ以外は満足していたフィアットが補給品調達に困難を覚えてから、第2中隊もそのあとを追った（Ju87を装備したその後の第9夜間地上攻撃飛行隊に関して、イタリアにおける戦歴の短い詳細は、本シリーズ第31巻「北アフリカと地中海戦線のJu87シュトゥーカ 部隊と戦歴」を参照）。

1944年最後の数週間に、もうひとつの夜間地上攻撃部隊がイタリアに短期間だけ登場した。「アインホルン」（一角獣、という意味）特別中隊（Sonderstaffel "Einhorn"）は、1944年2月にドイツで創設された自殺攻撃志願者による部隊として意図されていたものから派生した。その部隊の任務は来襲が予想される連合軍侵攻艦隊を迎え撃つ有人操縦滑空爆弾の運用だった。だがその種の兵器の実用化に失敗した結果、その部隊の志願者120名は代わりに通常の2500kg爆弾を運搬することを期待して、Fw190への転換訓練を始めた。だが、再度現実に邪魔された。Fw190が何とか搭載できる最大は1000kg爆弾であることが判明した。

1944年9月にアルンヘムの作戦でナイメゲン街道に架かる橋の爆破に使われたが失敗したのち、14機のフォッケウルフを擁していた「アインホルン」特別中隊はその翌月にイタリアに向け出発した。シュンターマンという名の大尉が指揮し、ガルーダ湖の南のヴィラフランカに主に駐留した同中隊は、本国に引き揚げて第200爆撃航空団に吸収されるまでに、11月から12月にかけて限られた回数の薄暮攻撃に出撃した。

1945年2月に第9夜間地上攻撃飛行隊第1中隊は、保有していたJu87の

一部をFw190と交換し始めた。3月1日時点で同中隊は出撃可能なFw190を4機だけ保有していた。しかし驚くほどのことではないが、そうした一握りのFw190の配備すら、この大戦終盤の戦局にはまったく何の影響も与えなかった。

第9夜間地上攻撃飛行隊が、米英連合軍陸軍のイタリアの足下からゆっくりとだが断固たる進撃に対処していた一方で、まったく異なった種類の戦争がアドリア海の対岸で行われていた。そこでバルカン半島に配備されていたドイツ軍が、その前にクリミアで彼らの戦友が陥ったのと同じく、赤軍の進撃によって本隊から切り離される危険性の増大に直面していた。

ルーマニア、ブルガリア両国が最近相次いで連合国側に鞍替えし、元の同盟相手国に宣戦布告したことが少なからぬあだとなり、ソ連軍の急進撃でドイツ軍部隊は北方に撤退し始めた。それが、長らくバルカン半島の高地を支配していた共産主義者パルチザン部隊が、渓谷を縫って退却するドイツ軍本隊を攻撃し始める合図となった。

1943年10月に遡って第7夜間地上攻撃飛行隊が編成されたのは、当初、パルチザン活動に対処するためであった。しかし、1944年8月のパルチザン一斉蜂起以前ですら同飛行隊のJu87、He46、CR.42、そしてCa.314から成る雑多な寄せ集め保有機はバルカン半島山岳地帯の警察行動にこき使われていた。そのため、Ju87を装備しベオグラード郊外に駐留していたグライダー曳航部隊の第1航空強襲航空団（Luftlandgeschwader 1）第II飛行隊が9月に改称され、新たに第10夜間地上攻撃飛行隊（NSGr10）となった。同飛行隊機はしばらくの間は、昼間は時々輸送グライダーを曳航し、夜間は地上攻撃に出撃、と二役を務めた。

バルカン方面は自前のFw190部隊が、きわめて規模は小さいが存在した

フィンランドがソ連と休戦協定を結ぶ準備をしていたとき、第5地上攻撃航空団第I飛行隊はFw190に機種転換を完了したばかりだった。写真はどちらも同飛行隊のFw190F-8で、上は飛行隊長フリッツ・シュレーテリン少佐の「Q9＋AB」、撮影場所はウティッサ。下の第5地上攻撃航空団第3中隊長エルヴィーン＝ペーター・ディークヴィッシュ大尉の「Q9＋AL」はポリで撮影された。ともに同飛行隊がラトヴィアに移動する何日か前の1944年8月に撮影。

ことで自慢できた。クロアチアに駐留していた5個飛行隊編制の第151地上攻撃航空団(SG151)は、地上攻撃隊に属する2つの訓練航空団の一方であり、前身の第151急降下爆撃航空団(StG151)時代からずっとJu87を装備していた。しかし1944年夏に第Ⅳ飛行隊の実戦中隊(Einsatzstaffel)である第151急降下爆撃航空団第13中隊(13./SG151)が、フォッケウルフに転換し始めた。第13中隊は9月上旬までシュコプルイェに駐留したが、出撃可能なFw190は全部で3機しかなかった。

そうした部隊や、多くはないがほかの部隊の属していた南東方面空軍(Luftwaffenkommando Südost)が1944年10月22日付で解体され、バルカン北部派遣空軍司令部(Fliegerführer Nordbalkan)と改編されてクロアチア派遣空軍司令部(Fliegerführer Kroatien)に隷属したことは大した驚きでなかった。しかし、ユーゴスラヴィアからのドイツ空軍の撤退はバルカン北部に止まらなかった。第7、第10夜間地上攻撃飛行隊、第151地上攻撃航空団第13中隊を含むドイツ空軍部隊の大半は11月までに国境を越えてハンガリー南部に入ったが、そこで彼らはもっと大規模な退却を強いられた。つまり東部戦線から一掃され始めた。

北方戦線
Northern Front

イタリア、バルカン戦線の喧騒と混乱とは大きな対比を示す北極圏内で、1個地上攻撃飛行隊がほかの戦線ととほとんど隔絶して独自の戦争を戦っていた。それはまだJu87を装備していた第5地上攻撃航空団第Ⅰ飛行隊(I./SG5)で、1944年前半はロシア最北部のムルマンスク地域周辺の陸上と海上の目標を攻撃してすごした。

2月に第5戦闘航空団第14(戦闘爆撃)中隊(14.(Jabo)/JG5)のFw190戦闘爆撃機が、第4中隊として第5地上攻撃航空団第Ⅰ飛行隊に編入された。海岸の物資集積施設や白海の護送船団に対する独自の攻撃作戦を続ける一方で、第5地上攻撃航空団第4中隊(4./SG5)のフォッケウルフはまた、敵を爆撃し、あるいは孤立した友軍前哨地に補給品を投下する、Ju87を援護して護衛戦闘機の任務でも出撃した。

ところが、レニングラード北方のカレリア地峡を守っていたフィンランド軍

イタリア戦線での迷彩方法に関し、視覚的にも字義通りの意味においても「影に隠れて」いるのは、1944年6月にトゥール西飛行場で第10高速爆撃航空団第Ⅰ飛行隊のFw190。哨戒飛行している連合軍戦闘機から機体を隠すため、ドイツ空軍が採った方法を示している。

に対し、赤軍は1944年6月10日に大規模な攻勢を発動した。その6日後、ドイツ空軍はフィンランド軍増援のため戦闘部隊を急遽派遣した。その「クールマイ部隊」(Gefechtsverband Kuhlmey)を構成する各部隊は、ひとつを除いてすべて東部戦線主力から抽出された。唯一の例外が第5地上攻撃航空団のFw190で、今や第4中隊から第1中隊にまたしても改称されていたが、カレリア地峡のフィンランド軍前線のすぐ背後にあるインモラのクールマイ部隊に加わるため、白海沿岸のカンダラクシャから南下した。

　主に戦闘爆撃任務に出撃した第5地上攻撃航空団第1中隊は、フィンランド軍の前線守備を突破しようとするソ連軍部隊を攻撃しただけでなく、地峡を横断する前線の東端を迂回し側面に回ろうと試みた、ラドガ湖の上陸用舟艇部隊も攻撃した。7月、ドイツ海軍のバルト海における作戦を支援するため、同中隊もまたボストア湾出口のトゥルクに分遣隊を派遣した。だが、8月上旬にはフィンランド湾のソ連海軍艦艇を攻撃するためウティに移動した。第5地上攻撃航空団第1中隊はこうした作戦で約6機を喪失し、このほかに同数が損傷を被った。

　こうして第1中隊が忙しく出撃していた一方で、第5地上攻撃航空団第2、第3中隊もまたFw190への転換に追われていた。しかし、勇敢だが数的には圧倒的に劣勢だったフィンランドは、すでに戦争終結が視野に入っており、彼らは9月4日にソ連との戦闘を停止した。9月19日に休戦協定が正式に調印されたが、フィンランド南部の全ドイツ軍はそれ以前に撤退していた。脱出した部隊に第5地上攻撃航空団第I飛行隊のFw190も含まれており、彼らは9月第1週の末までにラトヴィアのシュミルテンに展開し、第1航空艦隊に隷属してすでに作戦していた。

　極北における夜間の地上攻撃作戦は、小規模ながら第8夜間地上攻撃飛行隊(NSGr8)が担当した。同飛行隊の第1中隊は1944年初頭からAr66を装備して可動した。2番目の中隊が追加されたのは同年5月のことで、Ju87を装備していた第5地上攻撃航空団第1中隊が改称された。翌月、第8夜間地上攻撃飛行隊第1中隊もまたJu87に転換し、見捨てられたAr66は7月に編成された第3中隊に移管された。

　遙か北方の戦線では極度の燃料欠乏にずっと苦しめられており、それまで第8夜間地上攻撃飛行隊の活動は厳しく制限されていた。一部の部隊は1944年8月まで完全に作戦を中止していた。第8夜間地上攻撃飛行隊第1中隊が「余分な任務」のために必要な1万リッターの航空燃料を「一時的に」入手するには、オスロの第5航空艦隊司令部の特別な許可を要した。

　こうした「余分な任務」の最初は、同中隊をボトニア湾先端のケミから約300km東方のムルマンスク鉄道に近いポントサレニョキへ移動させることを含んでいた。連合軍の今や有名な北極海域護送船団のひとつがコラ湾に接近中と報じられた。第8夜間地上攻撃飛行隊第1中隊の

より実際的な用途のためには、この写真のように迷彩網を広げ木材を敷き詰めた分散駐機場が使われた。ノルマンディ戦の最中は第10高速爆撃航空団第I飛行隊として作戦したにもかかわらず、同飛行隊のFw190は夜間作戦にも多く出撃した。そのため個々の排気管に消炎装置を装着し、この写真にもそれが写っている。

Ju87 16機に与えられた任務は、白海の縁に沿って進む戦略的に重要な、ムルマンスクとモスクワを結ぶ鉄道網によって南に通じる交通路を攻撃することで、西側連合国の送った軍需物資がいったん船から荷揚げされても、それから先の輸送を阻止するためだった。

　しかし追加燃料が割り当てられたにも関わらず、同中隊は限られた回数の出撃しかできなかった。そして、7月25日から27日にかけて商船33隻から成るJW.59護送船団が運んだ装備と物資はムルマンスクとアルハンゲリスクに無事到着し、たとえ主戦場への到達を最終的に阻止できたとしても、わずかにすぎなかった。

　フィンランドとソ連との戦争が9月に終結しても、第8夜間地上攻撃飛行隊はまだ極北に展開していた。第1中隊のJu87 16機はケミに戻り、第2中隊の13機はそこから北東に約170km離れた、北極圏の境界線［北緯66度33分］のすぐ北側にあるケミヤルヴィに駐留した。その後彼らは第8夜間地上攻撃飛行隊第3中隊のアラドを伴って、フィンランドのラップランドからドイツ占領下のノルウェーに撤退した。それから、第8夜間地上攻撃飛行隊は差し迫ったベルリン防衛戦に参加するため、1945年初めに東部戦線に移動した。

西部戦線
Western Front

　西部戦線で実施された本当の意味で最後の地上攻撃作戦は、1940年6月のフランス戦終盤の頃に第2教導航空団第II（地上攻撃）飛行隊のHs123が敢行したものであった。同飛行隊のその後の英国本土航空戦における役割は、むしろBf109装備の戦闘爆撃部隊であった。海峡を越えた奇襲、すなわち「ヒット・エンド・ラン」攻撃は以後数年続き、最初は半自立的に作戦する戦闘爆撃中隊が、のちには専門の第10高速爆撃航空団（SKG10）が担当した。

　西部戦線における地上攻撃作戦の再開は、1944年6月に連合軍部隊がフランス本土にふたたび足を踏み入れるまではなかった。だが、夏を4回迎えた間に状況は様変わりしていた。1940年にドイツ空軍は制空権を確保していたが、1944年には連合軍が全面的な制空権を誇示していた。一例をあげると、Dデイから2日後の6月8日に南フランス中部のクレモン＝ファランにいた訓練部隊の第101地上攻撃航空団第I飛行隊は、その実戦中隊のJu87 12機を北方のノルマンディにある前線滑走路に派遣するよう命じられた。だが、生き残ったのはわずか1機だった！

　ノルマンディ上陸作戦が敢行されたとき、フランスにいた唯一の地上攻撃飛行隊はゲーアハルト・ヴァイアー少佐率いる第4地上攻撃航空団第III飛行隊（III./SG4）だった。5月25日に同飛行隊はサン・カンタン・クラストルに駐留し、第9中隊だけは一時的に南フランスのル・リュクに派遣されていた。第9中隊はそこから地中海沿岸の戦果なき対潜水艦哨戒任務に従事した。

　第4地上攻撃航空団第III飛行隊は連合軍の圧倒的な空軍力の初期の犠

第10高速爆撃航空団第I飛行隊機が爆装し、ノルマンディ橋頭堡上空への次の出撃に向けて準備中。

第10高速爆撃航空団第I飛行隊長クルト・ダールマン少佐（右）が第3航空艦隊司令官フーゴー・シュペルレ元帥の訓示を拝聴しているところ。ノルマンディ上陸作戦の数日前に、ロジェールにあった同飛行隊の基地をシュペルレが訪問した際の撮影。

牲者だった。戦いが始まってから最初の2日間で同飛行隊のパイロットたちは敵戦闘機3機を撃墜した一方で、保有するFw190を13機喪失した。似たような損害は続き、たとえば6月12日にはスピットファイアに4機を撃墜された。隊員のほぼ25パーセントに達する戦死者を出した結果、同飛行隊は3週間足らずでノルマンディ戦線から引き揚げられた。

第4地上攻撃航空団第Ⅲ飛行隊は6月26日まで第101地上攻撃航空団とともにクレモン=ファランの訓練用飛行場にいた。わずか1カ月足らずあとに大規模なパルチザン掃討作戦に参加し、クレモン南方の中央大山塊にグライダーで着陸した空挺部隊を支援した。そして7月末までに、かつて52機の戦力を誇った飛行隊の生き残り24機は東部戦線にいる親部隊の第4地上攻撃航空団と合流するため、フランスから撤退した。

1943年10月に遡って、地上攻撃部隊の全面的な再編の蚊帳の外に置かれたもうひとつの部隊が、第10高速爆撃航空団第Ⅰ飛行隊（I./SKG10）である。これは同飛行隊がじきに解隊される第51爆撃航空団第Ⅲ飛行隊の代わりとして、留め置かれていたためである。しかしいくつかの記録が示すように、1943年末に第51爆撃航空団第Ⅲ飛行隊の代わりとして正式に予定されていたその部隊は、実際には大戦末期まで第10高速爆撃航空団第Ⅰ飛行隊として作戦を続行した。

長い間海峡越え戦闘爆撃作戦の主力を担っていた同飛行隊は、1944年3月に満月のころの明るい夜間戦闘（helle Nachtjagd）というかたちで、夜間と悪天候下の飛行経験を役立てることになった。じきに、損害なしで20機の夜間撃墜戦果をあげた。

1944年6月上旬に第10高速爆撃航空団第Ⅰ飛行隊はロジェール・アン・サンテルからドリューに移動した。その数日後、同飛行隊はノルマンディ戦におけるドイツ空軍の初撃墜を記録する。6月6日0500時直後、第3中隊のFw190 4機編隊は早朝の偵察哨戒飛行中に英国空軍のランカスターを4機撃墜した。それらは沿岸防衛砲台の爆撃に向う部隊の一部だった。爆撃機のうち3機は第10高速爆撃航空団第3中隊長ヘルムート・エベルシュペヘー大尉がわずか3分間で撃墜した。

1944年末近くに、ダールマンの部隊は第20夜間地上攻撃飛行隊と正式に名称変更された。その当時、北西ヨーロッパの夜空にはJu87を装備した2個夜間地上攻撃飛行隊が作戦していた。これは対人爆弾コンテナを搭載したJu87が、その日最後の陽光を背後から浴び、連合軍戦闘機の注意を引きつけぬよう日暮れに出撃するところ。

それらが同飛行隊のノルマンディ上空における唯一の撃墜戦果のようだが、第10高速爆撃航空団第I飛行隊は以後2カ月間、通常は1日に2回から5回の地上攻撃任務に出撃した。昼間だけでなく夜間や、夕暮れ、夜明けにも出撃した同飛行隊の攻撃目標には、海峡の侵攻部隊の艦船や浜辺の上陸地点、集結した部隊、それと内陸に通じる道路が含まれていた。

　6月11日、飛行隊長クルト・ダールマン大尉は6月中に騎士鉄十字章を受勲した地上攻撃隊隊員9名のなかのひとりとなった。同じ日に第10高速爆撃航空団第I飛行隊のドリューの基地は激しい空爆に遭い、使用不能となった。同飛行隊はただちに近くの緊急滑走路に移動し、事前の計画通りにロンドンに対する夜間戦闘爆撃をなんとかやり遂げた、と伝えられる。

　同飛行隊はトゥールからロアールに移って間もなかったが、8月中旬までにダールマンの部下のパイロットたちは侵攻地域とその周辺に対し延べ約3000回も出撃した。戦闘による彼らの損失は20機足らずだった。それは大いに称賛に値する行動だった。しかし、これまでと同様に将来の行く末を決めるのはやはり地上軍の動きだった。そして8月に連合軍がノルマンディ半島から打って出たため、第10高速爆撃航空団第I飛行隊はフランスからの撤退を余儀なくされた。9月上旬に同飛行隊はミュンヘン=グラードバハに落ち着いたとき、出撃可能なFw190はわずか6機だけだった。

　そこにいた間に、第10高速爆撃航空団第I飛行隊の比較的経験豊富な何名かのパイロットが、最終的には中止されたナイメゲンの橋梁爆撃作戦でその部隊に力を貸すため、一時的に「アインホルン」特別中隊に移った。その中隊は、本来の華やかな部隊名に戻ってイタリアに出発する前に、ダールマンの第10高速爆撃航空団第4中隊という部隊名を短期間だけ使った。

　彼ら流の電光石火の戦いぶり（ある関係者は「電撃攻撃する電撃的進撃部隊」とさえ表現した！）で北フランスとベルギーの大半を解放した連合国地上軍は、ドイツ国境に近づきつつあった。昼間の空は連合国空軍が支配していたが、ダールマンのFw190は暗闇にまぎれて夜間地上攻撃に出撃した。10月に同飛行隊は不首尾に終わったアーヘン防衛戦に参加したが、ある公式の戦闘序列によると、このときはようやく第51爆撃航空団第III飛行隊として作戦した。10月21日にアーヘンは陥落し、敵の手に落ちた最初のドイツ主要都市となった。

　四面楚歌となったドイツ地上軍への圧力をいくらかでも緩和するため、西方空軍司令部は特別な夜間地上攻撃部隊を編成した。その「ハレンスレーベン部隊」(Gefechtsverband Hallensleben)は1個偵察中隊のほか、3個夜間地上攻撃飛行隊から構成されていた。最初の部隊はクルト・ダールマンの部隊で、11月17日に（第51爆撃航空団第III飛行隊から？）第20夜間地上攻撃飛行隊(NSGr20)と改称され、ほかの2つは東部戦線から最近移動してきたJu87装備の第1、第2夜間地上攻撃飛行隊だった。3個飛行隊は11月中旬までにライン河に沿ったボン=ハンゲラー、ベニングハルト、それとケルン=オストハイムにそれぞれ展開した。

　新たに夜間地上攻撃部隊に改編されたにも関わらず、12月上旬に敢行された第20夜間地上攻撃飛行隊最初の作戦のいくつかは、昼間の悪天候下にアーヘン南東のヒルトゲン森林地帯にいた米軍戦車部隊を攻撃したものである。そのほかは、連合軍部隊の集結地、後方の道路や鉄道といった補給路、そしてリエージュからマースリヒトまでのムーズ河の個々の船舶までも

目標とし、3個飛行隊は夜間作戦に集中した。

それから2週間後の1944年12月17日の早い時間に、ベルギーのマルメディの北約11km地点に落下傘降下部隊員を乗せたJu52/3mを先導する任務に就いた第20夜間地上攻撃飛行隊は、夜間飛行の専門技術をふたたび試されていた。当初その前日に予定されていたこの作戦は、西部戦線におけるヒットラー最後の大きな賭けの一部であり、今日それは「バルジの戦い」として一般に知られるアルデンヌ反攻だった。降下部隊の投入は、ムーズ河に向け進撃する第6戦車軍の先鋒戦車隊が使えるように、重要道路の交差点を確保するのが目的だった。

ダールマンの部下のパイロットたちは計画通り正確に針路と降下地点を突き止め、0330時までに作戦で彼らが分担する任務を成功裏に完遂した。不的確な天気予報とJu52/3mで運ばれた降下猟兵の不慣れから、870名のうちわずか100名しか降下予定地点近くに到達できなかったのは、彼らの過ちではない！

その前夜にハレンスレーベン部隊の3個飛行隊全部は、進撃予定地域の北縁の攻撃に50機以上を派遣した。5波に別れて攻撃した彼らは照明弾を投下し、モンショー周辺の米軍部隊の陣地に「見境いのない」地上掃射を加えた。彼らはこうした行動をさまざまな「突出部(バルジ)」地区で月の終わりまでほぼ毎晩繰り返したが、出撃機数がこのような数に達することはもはや滅多になかった。米陸軍が態勢を整え始めると、ハレンスレーベン部隊のJu87はさらに広い地域をうろつき回り、リエージュ南のムーズ河に向け進むドイツ軍の牽制を試みていた敵の、前線部隊支援に駆けつける増援部隊や補給物資輸送隊を目標に攻撃した。

前方に広がるベルギー平野への通路を与えることになる、重要なムーズ河の渡河地点にひとたび到達したら、攻撃するドイツ軍戦車部隊を1個地上攻撃航空団全体が支援することになっていた。エヴァルト・ヤンセン中佐率いる第4地上攻撃航空団は来るアルデンヌ反攻に備えるため、11月に東部戦線から引き揚げていた。11月14日付のドイツ空軍作戦命令は作戦に参加するさまざまな部隊の役割を述べているが、それによると、「……第4地上攻撃航空団は最重要地点、特にムーズ河の渡河地点に投入する。ロケット弾装備部隊は敵戦車部隊に対し投入する」としている。第Ⅲ飛行隊の一部は当時、主翼下面にパンツァーブリッツ対戦車ロケット弾を装備したFw190Fを使いハイルフィンゲンで練成中だった。

しかし、先頭のドイツ軍戦車がムーズ河の手前で進軍を止められたため、第4地上攻撃航空団のFw190は代わりにほかの目標攻撃を振り分けられた。たとえば12月18日には、サン・ヴィト地区の米軍部隊集結地に対し機関砲、爆弾、ロケット弾といった手持ちの兵装すべてを使って攻撃した。その翌週までに彼らはバストーニュに攻撃を集中させた。12月24日と26日には包囲したその町のなかと周囲の米軍陣地に攻撃を敢行し、双方の出撃でも損失を被った。26日の戦死者には2名の中隊長が含まれている。ひとりは第4地上攻撃航空団第3中隊長で騎士鉄十字章佩用のハインツ・ユンククラウゼン大尉で、第2急降下爆撃航空団に在籍していた当時にJu87で約1000回出撃を記録した老練な元急降下爆撃パイロットである。彼のFw190はキルトルフにある第Ⅰ飛行隊の基地に戻る途中、コブレンツ南方のライン河上空でタイフーンとの格闘戦で撃墜された。

ボーデンプラッテ作戦でアルフレート・ドルシェル大佐の行方不明が伝えられたのちに、ヴェルナー・デルンブラック少佐が第4地上攻撃航空団を大戦終結まで率いた。この写真のデルンブラック(中央)は東部戦線の第4地上攻撃航空団第Ⅰ飛行隊長で、1944年夏に彼自身が通算700回出撃を達成し祝福を受けているところ。

その翌日、またもバストーニュ地区を襲った攻撃は最悪の結果に終わった。攻撃に参加したのは3個飛行隊全部の所属機であった。彼らはあらかじめ決められた目標を発見することができず、多くの機体がドイツ軍占領地に爆弾を投下した。その結果軍法会議が開かれたが、代償を即座に払わされたのは、攻撃に参加していなかった航空団司令エヴァルト・ヤンセン中佐だった。彼は解任され、コットブス空軍基地司令に飛ばされた。

　こうして彼の後任の、ほかならぬアルフレート・ドルシェル大佐が、元旦に低地諸国の連合軍基地を攻撃するドイツ空軍戦闘機隊最後の賭け「ボーデンプラッテ」（大地、あるいは基盤という意味）作戦で、第4地上攻撃航空団を率いることになった。最も年長で経験豊富な地上攻撃パイロットのひとりであるドルシェルは［年長とはいえ、まだ27歳11カ月の若さだった］、過去14カ月間は地上攻撃隊総監の幕僚を務めていた。しかしそれは1945年1月1日早朝に第4地上攻撃航空団第Ⅲ飛行隊のFw190を率いてケルン＝ヴァーンを離陸する際に、彼が本領を発揮する妨げではなかった。

　同飛行隊の目標はベルギーのサン・トロンだった。計画ではドルシェルが率いる50機以上の編隊はアルデンヌの北縁を迂回し、サン・トロンを攻撃する本隊、つまりフランクフルト地区から飛来する第2戦闘航空団の戦闘機90機とアーヘンの西で合流し、目標までの最後の50kmを飛行することになっていた。

　合流予定地点よりずっと手前でドルシェルの編隊は地上からの対空砲火に襲われた。航空団司令機を含むFw190 4機が撃墜された。アルフレート・ドルシェル大佐は二度とふたたび目撃されず、彼のFw190F-8の残骸も発見されなかった。今日まで未発見のままだが、人が分け入るのが不可能などこかの森林地帯、あるいはもっと可能性は高いが、アーヘン南方のどこかの湖あるいは河の底に眠っているかもしれない。

　ドルシェルの後任はやはり地上攻撃隊の古兵（ふるつわもの）ヴェルナー・デルンブラック少佐で、2年前に第4地上攻撃航空団第Ⅰ飛行隊を、前身とする第2地上攻撃航空団第Ⅱ飛行隊（Ⅱ./SchlG2）時代から引き続き率いていたことがあった。1000回以上出撃した功で柏葉騎士鉄十字章を受章して間もないデルンブラックは、第4地上攻撃航空団を率いて1945年1月中旬に東部戦線へ戻り、大戦終結まで同航空団司令の任にあった。

　一方、ハレンスレーベン部隊の3個夜間地上攻撃飛行隊は、つまずいたアルデンヌ攻勢で彼らができるだけの支援を与え続けた。1月1日の夕方に第1

第9夜間地上攻撃飛行隊のJu87が、森のなかのリッベ飛行場で防火帯に沿って整列し離陸準備中に、米陸軍空軍のB-26爆撃機から攻撃を受けている。写真原版からは少なくとも15機のシュトゥーカが確認できるが、何機かはすでに破裂した爆弾の煙で部分的に隠されている。

爆装したFw190D-9が離陸する。西部戦線最後の地上攻撃は、その一部を若く訓練不足の戦闘機パイロットが遂行した。このよく知られた写真の機体は、第26戦闘航空団第Ⅱ飛行隊所属と信じられている。

　夜間地上攻撃飛行隊第3中隊のJu87 10機は、元旦の戦闘機による大規模な攻勢にいくらか尻すぼみのあと書きを追加し、バストーニュ地区に少数の爆弾をまき散らした。しかし、彼らがその直後の「バルジ」両縁に対する連合軍の反攻を押し止めることはまったくできなかった。1945年1月中旬までに、「バルジの戦い」に参加したこうしたドイツ軍部隊の大半は、最初に攻勢を発動した地点かそれより後方に押し返されていた。1カ月後、ハレンスレーベン部隊は延べ3100回の出撃で、150機近くを喪失したのちに解散した。大戦最後の数週間に各飛行隊はそれぞれ独自の道を歩むことになる。
　第20夜間地上攻撃飛行隊のフォッケウルフは北西戦線全体を分担するため4カ所の飛行場に分散した。彼らは連合軍部隊や戦車隊を攻撃するため夕暮れや夜明けに出撃を続けたが、うろつく敵戦闘機から逃れることができる十分な雲がある限り、昼間の悪天候下も出撃した。フランスから撤退中とその後にダールマンの部下のパイロットたちは、北西ヨーロッパの多くの水路に架かる橋や水門に対する攻撃でいくらか名声を取り戻した。
　ライン河のレマーゲンに架かる頑丈なルーデンドルフ橋は米陸軍が確保していた。そして1945年3月にこれを破壊しようとするドイツ軍の攻撃が最高潮に達していた。成功こそしなかったが、彼らが放ったものとさらに多くの至近弾が橋の構造を大いに弱体化したため、3月17日になって遂に橋は前触れもなく崩れ降ちてしまった。占拠されてから10日後のことだった。しかし、時すでに遅し。米軍はその場所に舟橋を浮かべており、すでに戦車隊がドイツ西部を守っていた最後の自然障壁を越えてなだれ込んでいた。
　第20夜間地上攻撃飛行隊の最後の数週間に関しては小さな疑問点がある。ある出版物では、同飛行隊はアルデンヌの戦いから離脱したのちも約70機を擁しており、この数字は以後2カ月間に他の離散し解散された部隊の生き残りがダールマンの指揮下に入ったため、2倍以上に増加したと述べている。それにも関わらず、1945年4月時点の本土航空艦隊の戦闘序列によると、第20夜間地上攻撃飛行隊全体の保有機はFw190が27機で、そのうち出撃可能なのは11機だけ、とはっきりとした記載が残されているのだ。

1944年夏の東部戦線では、わずかに2個飛行隊だけがFw190Fを装備していた。第1地上攻撃航空団と第10地上攻撃航空団のいずれも第III飛行隊である。双方とも中央戦区に展開していたので、残念ながらこの2機のFw190F-8がどちらの部隊に属するかはわからない。

同飛行隊の戦力がどうあれ疑問の余地がないのは、5月にシュレスヴィヒ＝ホルシュタインへ飛来しそこで最後の出撃を終えて降伏する前は、北ドイツを横断して退却中だったことである。

一方、ヘルベルト・ヒルベルク大尉の60機を擁する第1夜間地上攻撃飛行隊は1945年2月下旬に、第1夜間地上攻撃飛行隊（北）と第1夜間地上攻撃飛行隊（南）の2つに分割された。前者もまたレマーゲンに出撃し、米軍に橋が占拠されて数時間以内に敢行された自殺攻撃に近い出撃で、Ju87 10機のうち6機を喪失した。そのすぐあとに、第1夜間地上攻撃飛行隊（北）もやはり北方に退却を始め、フーズムで最終的に降伏するまで、進撃する英軍の前で常に後退し続けた。そしてある時点では出撃可能がわずか1機にまで減少した。

第1夜間地上攻撃飛行隊（南）は反対に南方に向い、ヴェルトハイムを経由して上バイエルンに退却した。しかし米軍の圧力に加えて、燃料の欠乏が作戦出撃を最低水準にまで引き下げた。4月下旬には地上要員の大半が歩兵として再招集され、ドイツ降伏時には同飛行隊に残ったわずかなJu87はバート・アイブリングで解隊を待っていた。

第2夜間地上攻撃飛行隊もやはりルーデンドルフ橋攻撃に投入されたが、少なくとも1回は低く垂れこめた雲に紛れて昼間に攻撃した。しかし、米軍がライン河東岸の橋頭堡を拡張し始めると同飛行隊のヴェスターヴァルト近くの基地が脅かされたため、第2夜間地上攻撃飛行隊はさらに東方に退却するよう命じられた。

そうする前に同飛行隊は2つの打撃を被った。3月12日、適当な代替飛行場を地上から偵察中に、飛行隊長ロベルト少佐は巡回中のヒットラー・ユーゲント隊員に止められ、誤って撃たれてしまった。その翌日、第2夜間地上攻撃飛行隊のJu87は爆弾を満載し、リッペ基地から離陸のため整列中に米軍爆撃機につかまった。同飛行隊の貴重な備蓄燃料の大半とともに、4機を除いた全機が破壊された。

搭乗員を50名以上抱えていたものの、出撃可能機は12機足らずしか残っ

ていなかった同飛行隊は、それから南方に向いバイロイトを経て、ドナウ河流域のシュトラウビングに退却した。そこから同飛行隊はレーゲンスブルクに通じるアウトバーンを進む米軍戦車隊に対し、4月下旬に最後の出撃を敢行した。5月第1週に残存のJu87はバート・アイブリングとホルツキルヘンに飛行し、そこで破壊された。

　こうした大戦最後の数週間のあらゆる混沌と混乱の真っ直中にもかかわらず、どういうわけか、まったく新たな夜間地上攻撃飛行隊が編成された。1945年3月末に2個夜間戦闘飛行隊、つまり第2夜間戦闘航空団第Ⅲ飛行隊（Ⅲ./NJG2）と、第3夜間戦闘航空団第Ⅱ飛行隊（Ⅱ./NJG3）は燃料欠乏のため北ドイツの基地で出撃できずに地上に止まっていた。これらはその後第30夜間地上攻撃飛行隊と合体し、保有するJu88 42機を差し迫った夜間地上攻撃任務に出撃できるよう準備が命じられた。だが、この計画が何も実現しないうちに、第30夜間地上攻撃飛行隊は一度も出撃せぬまま、翌月にその場から消えてしまった。

　もしも、短命な第30夜間地上攻撃飛行隊を組織管理者の幻想であったと述べるのが最も適切だとしたら、若く経験不足の戦闘機パイロットが遂行した西部戦線最後の昼間地上攻撃任務のいくつかは、より悪しき現実だった。北ドイツ平野の、木々が並び定規でまっすぐ引かれたような幹線道路に沿って東方に進む、切れ目なしの連合軍戦車隊や非装甲車両の隊列の阻止を企てた戦闘飛行隊に属する、ある軍曹はいまだに自分に与えられた忠告を覚えている。

「輸送隊列を地上掃射するときは、決して道路に沿ってまっすぐ飛んではいけない。奴らの対空砲全部が厄介事をお見舞いしようと待ち構えている。ジグザグに道路を行きつ戻りつし、樹木を弾除けに使え。君は道路を横切る

「大戦中で最もふさしくない地上攻撃機」の称号を、まったく異なった理由からユンカースF13と競った、第1爆撃航空団第Ⅱ飛行隊のHe177戦略重爆撃機。He177も赤軍戦車に対する低空攻撃を命じられた。この写真の機体（第6中隊の「V4+CP」）がそうした攻撃で大きな損害を被ったものに含まれるか否かは不明。

たびに奴らに一連射をおみまいすることができ、この方法なら反撃を確実に半分は断ち切れる。奴らは弾丸の破裂と跳弾を恐れて樹木を撃ちたがらないからだ」

　大戦最後の時期でも、地上攻撃パイロットが自らの技術をさらに向上させようとしていたと立証するには、これは適切な忠告だった。しかし大戦終盤のこの時期には、忠告された者が成功する機会を増す観点から提供されたのでなく、それは忠告された者が生き残るために必要な助言だったのだ！

第3夜間地上攻撃飛行隊のAr68の脇を歩いているパイロット3人。左はルートヴィヒ・ベロフ上級曹長で、彼は夜間地上攻撃隊員で騎士鉄十字章を受勲したわずか7名のうちのひとりである（1945年1月28日にクーアラントで受勲）。ベロフの乗機は3人のすぐうしろに見える「U9＋ED」。

やはりAr68を運用した夜間地上攻撃飛行隊に、ラトヴィア人義勇兵で構成された第12夜間地上攻撃飛行隊がある。この写真はラトヴィアのバルト海沿岸のリバウで練成中に、乗機「6A＋TN」の前で誇らしげに立っているパイロット。

隣国のエストニアに駐留していた第11夜間地上攻撃飛行隊はもっと尋常ならざる機種を装備していた。元デンマーク空軍のフォッカーCV-Eである。1944年夏の間に、第11夜間地上攻撃飛行隊第1、第2中隊はともに一握りのこれらオランダ製機をHe50と並用した。

東部戦線
Eastern Front

　西側ではほとんど公表されていないことだが、1944年夏の東部戦線中央戦区におけるソ連軍大攻勢は、ノルマンディ上陸作戦を参加兵員の点でも規模の点からも遙かに凌いでいた。Dデイ当初の侵攻段階では、連合軍8個師団がフランスの長さ約80kmの海峡沿岸に上陸した。それに対して、ソ連陸軍の少なくとも13個軍（！）が東部戦線のドイツ中央軍集団が守る長さ480kmにわたって対峙していた。

　バルバロッサ作戦3年目の記念日に当たる6月22日に発動された大攻勢の狙いは3つあり、ベラルーシからのドイツ軍の駆逐、ポーランド東部の「解放」、そして東プロイセン国境まで赤軍を進めることであった。わずか2週間でドイツ軍25個師団が完全に撃破され、中央軍集団の抵抗は打破された。

　中央戦区に展開していたFw190装備の3個地上攻撃飛行隊は2個がJu87から転換を完了したばかりだったが、そうした猛攻撃に直面してなす術を知らなかった（1944年6月時点の東部戦線における地上攻撃部隊の戦闘序列は巻末の付録3を参照）。6月中に彼らはポーランド中部の飛行場に後退を余儀なくされた。彼らの損失は甚大で、相当数の経験豊富な部隊指揮官が含まれていた。その最初のひとりがヘルムート・ライヒト少佐で、古参の急降下爆撃パイロットで当時第10地上攻撃航空団第Ⅲ飛行隊長を務めていた。彼は6月26日にヴィテブスクの南東でソ連軍縦隊を攻撃後、行方不明を報じられ、死後の10月になって柏葉騎士鉄十字章受勲の栄誉を受けた。

ソ連地上軍の1944年夏期攻勢にもかかわらず、ある種の事柄は少なくとも、しばらくの間は以前と同様に執り行われた。第1航空艦隊では機関誌『ルフトフロッテ・ノルトオスト』（北東航空艦隊）を出版し続けた。1944年8月の第2号はほぼすべてを同航空艦隊の地上攻撃隊の記事にあて、紙質と印刷の質が悪いにもかかわらず、興味深い写真もいくらか載せており……

……Fw190地上攻撃型に爆弾を搭載するこの写真も含まれていた。パイロットも所属部隊も不明だが、この機体の機体番号にはドイツ式で通常とは逆の位置に「"」（左下と右上）が追加されていることに注目。風変わりなマークの理由はやはり不明である。

やはり『ルフトフロッテ・ノルトオスト』から転載した、これと右頁の写真はすべて緊急発進の様子をとらえている。プロペラによる強い風で埃が舞い上がり、髪が乱れた2人の整備兵は大急ぎで調整を完了しつつある……

……整備がすべて完了し、3機編隊は離陸後、目標に向かった。

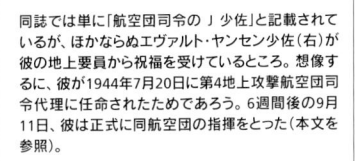

同誌では単に「航空団司令の J 少佐」と記載されているが、ほかならぬエヴァルト・ヤンセン少佐（右）が彼の地上要員から祝福を受けているところ。想像するに、彼が1944年7月20日に第4地上攻撃航空団司令代理に任命されたためであろう。6週間後の9月11日、彼は正式に同航空団の指揮をとった（本文を参照）。

やはり1944年7月20日には、のちに地上攻撃部隊の歴史に名前をとどめる人物となる、第2地上攻撃航空団第4中隊長ヘルマン・ブーフナー上級曹長が、約600回の出撃と48機撃墜の功で騎士鉄十字章を受勲した。写真のブーフナー（中央）はアルフレート・ドルシェル大佐から勲章を授与されたあとに撮影され、第2地上攻撃航空団第II飛行隊長ハインツ・フランク少佐がその様子を眺めている。ブーフナーの服の左上腕部にクリミア戦従軍記念章が縫いつけられていることに注目。

1944年7月には2名の騎士鉄十字章受勲者が喪われた。ひとりは第9地上攻撃航空団第10（対戦車）中隊長ルードルフ＝ハインツ・ルファー大尉で……

……もうひとりは、第2地上攻撃航空団第6中隊長エルンスト・ボイテルシュパハー中尉（左）だった。これは最多撃墜者アウグスト・ランベルト少尉と一緒の写真である。ボイテルシュパハーと同様にランベルトもまた、のちに米軍戦闘機の犠牲となった（1945年4月17日に戦死）。

　第6航空艦隊の2個対戦車中隊と2個夜間地上攻撃飛行隊を含むJu87装備部隊は、わずかだけうまく運んだ。その第1、第2夜間地上攻撃飛行隊は実際にはまだ旧式の複葉機から機種転換の過程にあった。それにも関わらず、彼らは西部戦線に送られる9月までに、侵攻する赤軍に対し多くの出撃を重ねた。

　そのほかの4個夜間地上攻撃中隊は中央戦区の崩壊に付き合った。いわゆる東部パイロット中隊（Ostfliegerstaffel）は、おそらく亡命者または元捕虜のどちらかのロシア人志願者で構成されていた。その部隊は1943年12月に編成され、ドイツ軍（Ar66、Go145）とソ連軍の軽飛行機（ポリカルポフU-2、ヤコブレフUT-2）の混成部隊だった。せいぜいがプロパガンダ活動の域を大して出ないため、同中隊の戦力と与えた影響はごくわずかだった。その部隊は1944年7月に解隊された。ほかの3つの部隊は第2飛行訓練師団の実戦中隊で、短期間だけ実戦に参加したあとで、やはり7月にその場から消えた。

　この頃、東部戦線の危機は大層深刻だったため、ドイツ空軍が保有する唯一の四発戦略爆撃機、He177さえもが対戦車攻撃任務に狩り出された！第1爆撃航空団第Ⅱ飛行隊の43機は東プロイセンのプロヴェーレンから到着したばかりだったが、長距離爆撃の代わりにドイツ国境に近づく赤軍戦車隊を攻撃せよとヘルマン・ゲーリング国家元帥が命じたとき、すでに何回かソ

周囲で荒れ狂う混沌を忘れさせるこの牧歌風情景は、大戦半ばの海峡方面の写真を思い起こさせる。しかし、実際は1944年夏にポーランドのリシアティチェで撮影された第10地上攻撃航空団第4中隊のFw190F-8/R1である。

1944年8月までに第10地上攻撃航空団第II飛行隊のフォッケウルフはソハチュボフに後退したが、同飛行隊の日常からはまだ緊急の気配は感じられない。スピナーに渦巻きを記入した同飛行隊の1機が防水布に覆われたまま忍耐強く待機している。

アンドレアス・クフナー大尉率いる第3地上攻撃航空団第10（対戦車）中隊の戦車キラーJu87G。同中隊もまた敵銃手の狙いを逸らすとして好まれた渦巻きをスピナーに記入し、1944年9月25日に通算300両目のソ連戦車を破壊した。

連領内深く長距離爆撃を敢行していた。

　そうした任務にはハインケルがまったく向いていないとその部隊の指揮官が指摘したとき、ゲーリングは即座に却下した。彼は敵が最近ノルマンディで重爆撃機を地上攻撃に使用したことを引き合いに出した。だが、国家元帥が認めそこねた、あるいは拒絶したことは、連合軍のB-17やランカスターは中高度ないし高高度で絨毯爆撃に使われたことである。彼が要求したのは、第1爆撃航空団のハインケルが地上攻撃機として低空飛行で任務を遂行することだった！

　第1爆撃航空団第II飛行隊の出撃可能なHe177 24機全部が参加した、そうした任務の最初の出撃結果については、はじめから明らかだった。相互防衛をある程度期待して2機が一緒に攻撃したが、くだらない試みだった。爆撃機の半分は帰還できなかった。攻撃はさらに続いたが、扱い難く装甲がないハインケルは、ソ連軍の対空砲火の砲列と歩兵の集中砲火を浴びて、さらに大きな損失を被っただけだった。第1爆撃航空団のほかの飛行隊からプロヴェーレンへ増援機が送られたが、損失を受け止めることはできなかった。7月28日に第1爆撃航空団第II飛行隊の生き残りはドイツに引き揚げ、その直後にそこで航空団全体が解隊された。夏期大攻勢のもうひとつの犠牲者である。

　ソ連軍の攻撃は特に中央戦区に向けて集中され、それは赤軍の最終目標であるベルリンに向う最短路を用意することになったが、ほかに北方戦区と南方戦区にも痛烈な効果を与えた。

　保有機数の上では三戦区のうちで一番弱体な北方戦区で、第1航空艦隊の隷下部隊はレニングラード周辺の地域からずっと追い立てられていた。彼らは今やバルト海沿岸3カ国の国内に駐留していたが、ソ連軍の定常的な圧力を受けてゆっくりと後退しつつあった。1944年6月中旬

第2地上攻撃航空団第6中隊のオットー・ドメラツキ少尉（右）は胴体後部に乗込んでいた機付長を助けようとし、落下傘降下でなく不時着を試みて1944年10月13日に戦死した。

このパンツァーブリッツを装備した第77地上攻撃航空団のFw190F-8は、チェコスロヴァキアのフルディム近くに不時着した。画面右下の左翼下面にロケット弾の先端が見える。

に戦力と呼べる唯一の地上攻撃飛行隊はテオドール・ノルトマン少佐率いる第3地上攻撃航空団第Ⅱ飛行隊（Ⅱ./SG3）だけで、現下はラトヴィアでJu87からFw190に転換中だった。

　北方戦区は夜間地上攻撃飛行隊に関してはいくらかましだった。それは第1、第3夜間地上攻撃飛行隊の一部を運用し、前者の戦力は第1航空艦隊と第6航空艦隊の間で二分されていた。現地の志願者から成る飛行隊も2個あり、エストニア人で構成された第11夜間地上攻撃飛行隊（NSGr11）に、3月にラトヴィア人から成る第12夜間地上攻撃飛行隊（NSGr12）が追加された。残念なことに、これらの夜間地上攻撃飛行隊はどちらもJu87を装備しておらず、いつものように雑多な寄せ集めの軽複葉機で構成されていた。

　9月にソ連北方軍はバルト諸国でけりをつけることを目的に、彼らだけの攻勢を発動した。地上攻撃部隊は一時的に第3、第4地上攻撃航空団の2個が増強されたにも関わらず、ドイツ軍はエストニアの放棄を余儀なくされ、ラトヴィアを横断して退却した。その月内に赤軍はリトアニアを通って進撃し、東プロイセンの北のバルト海に到達した。このことは、北方軍集団の本隊とそれを支援する第1航空艦隊の空軍部隊がもはや東部戦線の本隊から切り離されたことを意味する。そして中央戦区の攻勢もまた、東プロイセンを閉じ込めつつあったため、北方軍集団の孤立が完全となるまで間隙は急速に広がった。

　総統により海からの撤退は禁止されていたため、北方軍集団はラトヴィアのクーアラント半島に退却した。10月に第11、第12夜間地上攻撃飛行隊は解隊し、第1航空艦隊に残った多くの部隊はほかの戦線に移動した。しかし、昼間の第3地上攻撃航空団第Ⅲ飛行隊と夜間の第3夜間地上攻撃飛行隊の2個飛行隊は、彼らを蹂躙しようとする赤軍のすべての試みを断固迎え撃ったクーアラントの地上軍を大戦終結まで支援し続けた。

　南方戦区の情勢はもう爆発寸前だった。第4航空艦隊を構成する2個航空軍団、つまり第Ⅷ航空軍団はすでにポーランド南東部に撤退しつつあり、もう一方の第Ⅰ航空軍団に隷属するFw190装備の地上攻撃隊とJu87、Hs129装備の対戦車部隊はずっと以前にクリミアとウクライナから駆逐され、今はルーマニアに集結していた。そこで彼らは二正面戦争の真の効果を体験し始めた。東から進撃する赤軍と、イタリアから飛来し彼らの背後の目標を爆撃する、

第六章●敗走

戦闘機を随伴した米軍重爆撃機隊である。

　この新しい状況は長くなる一方の損失リストに反映しており、増え続けるきわめて経験豊富な古参の地上攻撃パイロットがそれに含まれていた。1944年7月だけでも、少なくとも14名の騎士鉄十字章受勲者を喪失した。そのうち2名は受勲して間もなかった。7月16日、第9地上攻撃航空団第10（対戦車）中隊長ルードルフ＝ハインツ・ルファー大尉はポーランドのレンベルク（ルヴォフ）北東を突破したソ連軍戦車隊に低空攻撃を敢行した際に、対空砲火の直撃弾を浴びて戦死した。その6日後、第2地上攻撃航空団第6中隊のエルンスト・ボイテルシュパハー中尉は、ルーマニアのプロエスティ油田の爆撃に向かう米第15航空軍を迎撃した際に、米軍戦闘機との格闘戦で戦死した。

　地上では赤軍の、空中からは米軍の爆撃の双方に脅かされ、ルーマニアはその翌月に戦う相手を変え、8月23日にかつての同盟国ドイツに宣戦布告した。これは第I航空軍団の地上攻撃部隊の大半にとって、プロエスティの北東にあるフォクザニからハンガリーのジョルジェニオロスファルに撤退を余儀なくされた。しかし、彼らがどこに駐留しようが、西方に向い容赦なく殺到するソ連軍戦車隊の止めることができない大波、という同じ状況に直面した。

　特殊対戦車部隊は彼らができる範囲で最善を尽くした。9月25日に第3地上攻撃航空団第10（対戦車）中隊のJu87は通算300両目の敵戦車を撃破し、同中隊長アンドレアス・クフナー大尉は1カ月後に50両破壊の個人戦果を達成した。ヴィスワ戦線では第9地上攻撃航空団第10（対戦車）中隊のHs129の4機編成が戦車25両を撃破し、局所的な赤軍の圧力を止めた。そのうち11両は編隊長オットー・リッツ曹長一人が撃破し、この戦果により敵戦車を合計60両破壊した功で9月30日に騎士鉄十字章を受勲した。

　しかし、そうした個人の成功は称賛に値するが、ソ連軍の圧倒的な数的優勢の前には、もはやほとんど無意味となっていた。そして、相変わらず損失率は上昇の一途をたどっていたが、そのすべてが戦闘によるというわけではなかった。10月には柏

ハンガリー駐留の第2地上攻撃航空団第II飛行隊の、頂部が膨らんだキャノピーを装着したFw190 F-9/R1には、1945年1月に目立つ独特の冬季迷彩が施された。AB250爆弾コンテナを搭載しタキシング中の機体の原写真では、左翼下面から前縁にまわり込んで黄色の「V」が記入されているのが何とかわかる。これはハンガリーにいたドイツ空軍の全戦術用機にこの当時適用された識別マーキングである。

葉騎士鉄十字章受勲者2名を失った。今や第151地上攻撃航空団第Ⅳ飛行隊長を務めていたハインツ・フランク少佐は、遡ること1943年1月に地上攻撃隊で3番目にその勲章を授与されたが、誤って撃たれたのちに10月7日に病院で死亡した。

6日後、第2地上攻撃航空団第6中隊のオットー・ドメラツキ少尉はチェコスロヴァキア上空を空輸飛行中だった。彼のFw190は弾薬を搭載せず、その代わり胴体後部に彼の機付長を乗せていたが、米第15航空軍の戦闘機に襲われ最期を迎えた。ドメラツキは乗客を救うため、落下傘降下する代わりに不時着する道を選んだ。結果は2人とも死亡し、オットー・ドメラツキは死後に柏葉騎士鉄十字章を授与された。

フランク少佐の死亡と同じ日に発生した戦闘による損失は、第77地上攻撃航空団第5中隊長シュテファン・シュミット中尉であった。シュミットの中隊は主翼下面に装備した強力なパンツァーシュレック・ロケット弾を使うため最初に訓練を受けていた。このミサイルは同名の陸軍の兵器（それは米軍のバズーカ砲に相当する）から発展したが、630グラムの炸薬が詰まった弾頭を備えていた。

ウーデットフェルトで訓練を終えたのち、第77地上攻撃航空団第5中隊は10月上旬にハンガリーのサロシュパタクに移動した。そして、ハンガリー・ルーマニア国境に接近したソ連軍戦車隊に対する同中隊最初のロケット攻撃のひとつを実施したときに、シュミットのFw190は必ずいた赤軍対空砲に撃墜された。彼は戦死後に勲章を授与された地上攻撃パイロットの長くなる一方のリストに載った、もはやひとつの名前にすぎなかった（10月29日付で騎士鉄十字章を授与された）。

1944年最後の数週間、西部戦線ではバルジの戦いが激しく続いており、東部戦線につかの間の相対的小康状態が訪れた。この間に、ドイツ空軍は対戦車ロケット弾をもう1種導入した。それはパンツァーブリッツで、中空の成形炸薬を詰めた弾頭はパンツァーシュレックよりずっと強力な打撃を与えた。その弾頭には3種類あり、Pb-1は陸軍の81㎜ロケット弾ランチャーを基にし、Pb-2とPb-3はどちらもドイツ空軍独自のR4M空対空ロケット弾から発展した。その後いくつかの部隊に配備されたが、ある出版物によると、パンツァーブリッツは数100発しか製造されなかった。またもや少な過ぎ、遅すぎた一例である。

1945年1月12日、赤軍はワルシャワ南のヴィスワ橋頭堡から打って出て、東プロイセン、シュレージェン、それと東からベルリンに通ずる路の最後の自然障壁、オーデル河の三方に向かう攻勢を発動した。地上と空からの激しい抵抗に遭いながらも、ソ連軍は前面に立ち塞がるものを一掃し、最終的な勝利に向け邁進した。彼らは1月21日までにブレスラウの北と南でオーデル河に到達した。

騎士鉄十字章を同じ日、1945年2月28日に受勲し、互いに祝福しているのは、第10地上攻撃航空団第3中隊長ノルベルト・シュミット中尉（左）と、第10地上攻撃航空団第1中隊のヨーゼフ・エンツェンツベルガー上級曹長である。シュミットは翌月（3月26日）に戦死、ハンガリー上空でP-51に撃墜されたと思われる。一方、エンツェンツベルガーは大戦を生き延びるが、30年後にオートバイ事故で死亡する。

そうした10日間だけで地上攻撃隊はさらに騎士鉄十字章受勲者4名と柏葉騎士鉄十字章受勲者1名を喪失した。その柏葉を佩用した第1地上攻撃航空団第9中隊長グスタフ・シューベルト中尉は乗機Fw190がポーランド北西部で対空砲火に撃墜され、そして第3地上攻撃航空団司令を務めていたテオドール・ノルトマン少佐は1944年9月17日に剣付柏葉騎士鉄十字章を受勲していたが、1月19日に東プロイセン上空で空中衝突により死亡した。

1月が終わるまでに、3名の騎士鉄十字章受勲者を含むさらに甚大な損失を被った。そして、2月8日に第2地上攻撃航空団司令で最も成功した戦車キラーであるハンス=ウールリヒ・ルーデル大佐は、オーデル河沿いの都市、フランクフルト・アン・デア・オーデル北方でベルリン中心街から80km足らずのレブス上空で撃墜された。信じられないような事態だった。

ルーデルは12月29日にダイアモンド・剣付黄金柏葉騎士鉄十字章を受勲していた。第三帝国最高のその勲章を国防三軍の将兵で唯一叙勲される栄誉に輝いたルーデルには、1945年1月1日にタウヌス丘陵のバート・ナウハインに近い総統の西部総司令部で、ヒットラー自らがその勲章を授与した。ハンス=ウールリヒ・ルーデルは、その当時で2400回以上も出撃し、戦車463両を破壊していた！

その勲章を授与されたあと、現下はハンガリーで戦っていた航空団にただちに復帰したルーデルは、1月下旬にベルリン東のオーデル戦線に移動するまで、さらに戦果を重ねた。そこで、その決定的な2月8日、彼はすでにソ連戦車12両を破壊し、13両目を攻撃中に乗機Ju87Gを40㎜対空砲弾に直撃された。重傷を負ったにも関わらず、ルーデルは何とかドイツ側戦線まで引き返し不時着した。手近かの武装親衛隊救護所に急いで運ばれ、ベルリンの病院に移送される前に、外科医は彼の右足の膝から下を切断した。

驚くべきことに、まだ松葉杖を使っていたにも関わらず、ルーデル大佐は3月25日に彼の航空団に戻り、4月上旬には戦闘任務に復帰した！　おそらくさらに驚嘆すべきは、彼が第2地上攻撃航空団唯一の片足で出撃したJu87パイロットではなかったことだろう。ルーデルが第2急降下爆撃航空団第1中隊長だったときから彼の通常の編隊僚機を務めたハンス・シュヴィルプラットは、1944年5月31日にルーマニア上空で敵戦闘機により重傷を負った。左足と手の指を7本失ったにも関わらず、その間に騎士鉄十字章を受勲したシュヴィルプラット中尉は1945年3月に古巣の航空団に復帰し、ソ連戦車4両を破壊した4月4日を含め、さらに何回か出撃を重ねた。

ルーデル大佐は赤軍に対する無慈悲な一人勝ちの戦争を最後まで戦い続けた。しかし、まだ彼の傷口は開いた状態のため、彼は公式には出撃を禁止されており、以後の彼の戦車破壊戦果の大半は一まとめにして航空団の戦果とされたのは驚くほどのことではないだろう。片足を失ってから出撃した戦果、推定30両のうち3両だけが彼の戦車破壊の最終戦果519両に含まれている。

しかし、ルーデルやシュヴィルプラットが見せた驚異的な勇敢さと粘り強さでさえも、今や大戦最後の月に突入した戦争の結末を変えることはできなかった。彼らの置かれた状況にあいかわらず希望はもてなかったが、地上攻撃隊パイロット達は戦い続けた。1945年4月中に7名が騎士鉄十字章を受勲した。一番最後は第10地上攻撃航空団司令ゲオルク・ヤーコプ中佐の編隊僚機を長期間務めたエーリヒ・アクストハマー曹長で、500回以上出撃（そのう

ち300回以上はHs123による)した功で受勲した。同じ4月28日には、28名の地上攻撃隊パイロットが受勲した柏葉騎士鉄十字章の最後が、第1地上攻撃航空団第Ⅲ飛行隊長カール・シュレプファー少佐に授与された。

しかし、進撃する赤軍に対する引き続く戦闘に、地上攻撃隊パイロットが全面的に関与したことを推し量れる真の尺度は4月の損失であり、少なくとも19名の騎士鉄十字章受勲者をその月内に喪失した。

クリミア戦のエクスペルテで第77地上攻撃航空団第8中隊長として前線勤務に復帰したばかりのアウグスト・ランベルト中尉は、4月17日に彼の部隊を率いてソ連戦車隊に対する爆撃のためドレスデン北東のカメンツから離陸中に、上空からおよそ60機ないし80機という多数のP-51マスタングに襲われた。爆装したFw190に勝ち目はなく、20㎞に及ぶへとへとの戦いの末に、ホイェルスヴェルダ上空でランベルトは撃墜された。騎士鉄十字章受勲者ゲーアハルト・バウアー少尉を含む同中隊の隊員6名もこの時戦死した。

バウアーと同じ、英国本土航空戦やそれ以前に遡る戦歴を誇るもうひとりの古参急降下爆撃パイロットがベルンハルト・ハメシュター少佐だった。4月22日にベルリン南方のトレビン近くでスターリン戦車を低空攻撃中に彼のFw190が炎に包まれ撃墜されたとき、彼は第3地上攻撃航空団司令代行を務めていた。過去2日間、ドイツの首都はソ連軍の砲撃に遭っており、その翌

大戦終結直前の数週間に第10地上攻撃航空団第Ⅱ飛行隊はFw190D-9「長っ鼻」に機種更新した。このオーストリアのカプヘンベルクでの私的なスナップ写真で、真の飛行機愛好家にとって興味の的は、背後のD-9の機首に塗られた、幅が広い黄色帯である……

……それはこの写真でも見ることができる。このマーキングは、ハンガリーにおいて作戦していた機体に従来記入されていた主翼のシェヴロンが、即座の識別目的には不十分と証明されたため、これに代わって導入された。カウリング下部に記入された「witrol」(辛辣な皮肉という意味)の文字にも注目。

大戦終結時にチェコスロヴァキアに放置されていた、おそらく第2地上攻撃航空団の飛行隊補佐官機と思われるFw190F-8（「黒いシェヴロン／緑？の2」）が、地元住人の関心を惹いている。飛行機の尾輪は手押し一輪車の修理にぴったりだったのだ！

日に赤軍はその都市に最後の総攻撃を敢行した。4月25日は米軍とソ連軍がエルベ河で出会い、ドイツをふたつに分断した日だが、その日までにソ連軍部隊はベルリンを完全に包囲した。

　5日後、ヒットラーは帝国宰相府の残骸の下にある地下の掩蔽壕で自殺を遂げた。同じ4月30日に首都から北西に約176km離れたシュヴェリン近くのジュルテに着陸しようとしたFW190の一団が、スピットファイアと報告されているが、テンペストの可能性が高い英空軍戦闘機に捕捉され、高位の勲章を受勲した地上攻撃パイロットの最後の2名が戦死した。

　このフォッケウルフは第9地上攻撃航空団第Ⅰ（対戦車）飛行隊に所属し、敵戦車隊（英軍かソ連軍かは明確ではないが両軍はシュヴェリンで接近し、3日後に合流する）にロケット弾攻撃を加えたのち、帰還したところだった。最も脆弱なときに襲われた多数のFw190が撃墜された。戦死者のなかに飛行隊長アンドレアス・クフナー大尉が含まれており、彼は1944年12月20日に戦車60両を破壊した功により柏葉騎士鉄十字章を受勲していた。第9地上攻

おそらく第77地上攻撃航空団機と思われる、このFw190F-8/R1は主翼内の機関砲は撤去されているが、疑いもなくまだ十分に致命的な各種爆弾が周囲に散乱しており、パルドゥビッツ（チェコスロヴァキアのパルドゥビチェ）の木立ちに囲まれた駐機場で処分を待つ身である。

撃航空団第3（対戦車）中隊長で騎士鉄十字章佩用のライナー・ノゼック中尉もやはり戦死した。そしてもうひとりの騎士鉄十字章受勲者で第9地上攻撃航空団第1（対戦車）中隊長のヴィルヘルム・ブロメン中尉は、「スピットファイア」1機を落としたのちに撃墜され、重傷を負った。

そのときまでに戦争はほとんど終わっていた。最後の3つの地上攻撃訓練部隊、つまり第103、第104、そして第111地上攻撃航空団は4月に解隊した。ほかのいわゆる自殺部隊、つまり悪名高い「エルベ体当たり特別隊」に応じた志願者もいたが、訓練生の大半とかなりの割合の教官は歩兵として再訓練を受けた。ある報告書は、第103地上攻撃航空団の隊員は総員が武装親衛隊旅団に移った、と述べている。多くの者がベルリン防衛任務に就いた。

しかし地上攻撃隊総監は最後の切り札をもっていた。それは、とてもそのようには見えないビュッカーBü181ベシュトマンというかたちで現れた。元来はスポーツ旅行用機として設計された、この密閉式風防を備えた小さくすっきりした単葉機は横並びの2人分の座席を備え、ドイツ空軍の初級飛行訓練学校で広く使われていた。このときベシュトマンは、大戦終盤において夜間攻撃機としてもっと攻撃的な役割を果たすよう命じられた。その命令は「前線を突破した敵戦車隊、あるいは先鋒の戦車部隊を破壊すること」と簡潔に述べている。

Bü181夜間地上攻撃分遣隊はポツダム近くのヴェルデンで1945年4月第2週に編成された。それは5個中隊編制（NSKdo、あるいはPz.Jg.Staffelと記載する）でそれぞれパイロット8名から10名で構成されていた。Bü181の武装には、ドイツ陸軍の携帯用対戦車兵器のなかで最も古くて簡単なパンツァーファウストが予定されていた。その簡便さにも関わらず、パンツァーファウストの成形炸薬が詰まった弾頭は強力な接近戦用対戦車兵器だった。

ビュッカーの主翼下面にパンツァーファウストを2発、あるいは主翼上面と下面に2発ずつの合計4発を装備した2種類で模擬戦車に対する試験が急遽実施された。各パンツァーファウストは操縦席まで延びたボーデンケーブルをパイロットがぐいと引っ張ることで発射した。どんな種類の照準装置であれ特に装備した機体は少なく、普通は目見当で照準する必要があったため、原始的であまり有効とはいえなかった。

試験で判明したことのひとつは、速度が遅い短距離ミサイルを発射後すぐに避退することの重要性であった。1.5mもの長く恐ろしい噴煙の尾からだけでなく、命中した際の爆発からも逃れるためであった。正しい瞬間に離脱しそこなってヴェルデンに帰還したあるパイロットのビュッカーは、機首から尾翼まで大きく割れていた！

こうした問題にも関わらず、いくつかの中隊が編成され、すぐに実戦部隊の飛行場に分かれて展開した。記録されている最初の出撃のひとつは、4月13日の昼間偵察で、マクデブルクの南西に米軍戦車隊を発見したが、結果は両方のビュッカーとも連合軍戦闘機に撃墜され終わっている。そしてある出版物では、西方空軍司令部はわずか3日後にそうした中隊の解散を命じた、と主張している。「これらは南ドイツの飛行場を塞いでおり、何の結果も生み出さない」。それにも関わらず、いくらか出撃は続けられたようだ。

たとえば4月26日には、4機のBü181がミュンヘン西方のフィンステンフェルトブルックを離陸し、ドナウ河に接近したパットン将軍の米第3軍の攻撃に向った。4機全部が無事に帰還し、「不意をつかれた」米軍に打撃を与えたと報

東部戦線のすべての急降下爆撃および地上攻撃パイロットで最も成功し、高位の褒章を受けたのがハンス＝ウールリヒ・ルーデルである。彼はこの写真では少佐で、1944年3月29日に通算1800回以上の出撃と、敵戦車200両以上を破壊した功により、ダイアモンド・剣付柏葉騎士鉄十字章をアードルフ・ヒットラーから授与された……

告した。さらに4機のビュッカーがただちに派遣されたが、今度は敵の対空砲銃手が待ち構えていた。激しい損傷を被ったBü181が1機だけ帰還できたが、パイロットも負傷していた。

　もはや最終的な崩壊に数日を残すのみとなり、次々と部隊が解隊された。そうした隊員の最終的な運命は地理的な巡り合わせに左右された。ふたつに分離されたドイツ帝国の北半分に駐留していた隊員はまぎれもなく、より幸運だった。大半はシュレスヴィヒ＝ホルシュタイン、あるいはデンマークに進むことができ、そこで彼らは英軍の到着を待った。

　そうした道をたどった者のなかにペーター・ガスマン少佐率いる第1地上攻撃航空団の部隊があった。彼らの最後の出撃には、ベルリンを目指すソ連軍の進撃を止めようとした実りなき試みのためオーデル河に架かる橋に行なった攻撃と、その後の街路上と残骸が散乱した首都における戦車狩り任務が含まれていた。元第5地上攻撃航空団第I飛行隊もまたベルリン上空で戦歴の幕を閉じた。夜間並びに計器飛行訓練を終えたのち、その飛行隊は1945年1月10日に第200爆撃航空団第III飛行隊と改称された。ヘルムート・ヴィーデバント少佐に率いられた同飛行隊はその後、包囲された首都に対する補給物資輸送任務に就く前は、西部戦線でアーヘンとレマーゲンの橋の攻撃を含む、昼間と夜間両方の地上攻撃任務に出撃した。第3地上攻撃航空団第III飛行隊さえもが遠くラトヴィアから何とかシュレスヴィヒ＝ホルシュタインにたどり着いた。エーリヒ・ブンゲ大尉に率いられた同飛行隊のFw190は長距離飛行用の落下燃料タンクを装着し、5月8日午前に西側の安全を求めてクーアラント半島を離陸した。各パイロットは自分の機付長を

……そしてこれは1945年5月8日にキッツィンゲンで米軍に投降する前に、彼が2530回目で最後の出撃に使った機体である。画質は悪いが、胴体に記入された戦闘機流の航空団司令標識ははっきりわかる。［この写真のJu87G（製造番号494193）は米軍に投降したときの乗機ではなく、1944年晩秋の頃の乗機である。投降時の機体は製造番号494110で写真の機体とは、胴体後部の黄色帯と左翼の黄色いシェヴロンはなく、尾翼上端に記入された製造番号は黒で、後方の機体と同じく方向舵に細く白い斜め帯が2本記入されているなどの点が異なる］。

一方、これは地上攻撃隊の末路をおそらく視覚的に最もよく象徴した写真で、ベルリン中部のティーアガルテン公園の廃墟にひっくり返って放置されたFw190の胴体前部の残骸。左には国会議事堂の外壁が、右側には裂けた胴体と右主脚の間からブランデンブルク門の柱がわずかに覗いている。

乗せたが、なかには地上要員が最大3名も機内に押し込まれていた機体があった！

　南半分に駐留していた部隊はその多くがチェコスロヴァキアに集結していたが、未来はずっと不透明だった。大戦終結時にオーストリアにいた、第9地上攻撃航空団第Ⅳ（対戦車）飛行隊の一部や第10地上攻撃航空団のような部隊は最も幸運だった。最後の数日は米軍とソ連軍の双方に対し出撃したので、米軍に投降し、身柄を引き受けてもらう機会はいくらでもあった。

　しかし、東部戦線でもっぱらソ連軍を相手に戦っていた飛行隊にとっては、機体を破壊し徒歩で西に向かうことを試みる以外に、ほとんど選択肢はなかった。すべての部隊が成功したわけではなかった。多くは赤軍部隊に蹂躙された一方で、復讐の念に燃えるチェコ人の犠牲となった者も多かった。ソ連軍に捕らえられるのを逃れた部隊のひとつに第77地上攻撃航空団第Ⅱ飛行隊がある。同飛行隊は最後まで出撃を続け、最後はヴァイス部隊（Gefechtsverband Weiss）に属していた。それは、6年近く前にポーランドで第2教導航空団第Ⅱ（地上攻撃）飛行隊を率いていたあのオットー・ヴァイスが指揮した部隊で、彼は現下は第6航空艦隊付空軍部隊司令を務めていた。第77地上攻撃航空団第Ⅱ飛行隊は飛行隊長アレクザンダー・グレーザー大尉に率いられ、大戦終結の2日後にチェコスロヴァキアから無事脱出した。

　しかし、米陸軍は東部戦線で戦った兵士をすべてソ連軍に引き渡すことを命じていたため、米軍に投降したことで即、身の安全が保証されたことにはならなかった。そうした運命をたどったのが第4地上攻撃航空団司令ヴェルナー・デルンブラック少佐で、彼の飛行隊はシュレージェンとチェコスロヴァキアで解隊された。デルンブラックは5月9日に米軍の捕虜となったが、わずか6日後にはソ連軍に引き渡された。その2日後、あいかわらず機知に富んだ「プリンツヘン」（小さな王子、という意味）・デルンブラックはソ連軍から脱走し、首尾よく家に戻ることができた！

　米軍は彼らにとって最大の獲物ハンス＝ウールリヒ・ルーデル大佐については例外とする予定だった。5月8日にチェコスロヴァキアを進撃していた赤軍戦車隊に最後の攻撃を敢行したのち、ルーデルは彼の第2地上攻撃航空団の残存機、つまりJu87 3機と護衛のFw190 4機を率いてバート・キッツィンゲンの米軍占領下の飛行場に飛来した。各パイロットは着陸時にブレーキと方向舵ペダルを強く踏み、1機を除く全機の主脚を折った。それは理解できる挑戦的な意思表示だったが、同時に敗北を暗黙に承認したことにもなった。

　ハンス＝ウールリヒ・ルーデルは1946年4月に解放されるまで、1年近くを米軍の病院ですごした。そして彼にとって以下は、クルスク戦以来22カ月に及ぶ地上攻撃隊と赤軍との間の厳しい戦いについて述べたおそらく最後の言葉であろう。

　「我々は道をふさいだ岩石、小さな障害物にすぎず、流れを食い止めることはできなかった」

付録
appendices

1. 歴代司令官

■1939年-1942年
第2教導航空団第Ⅱ(地上攻撃)飛行隊

ヴェルナー・シュピールフォーゲル少佐	1939年9月1日〜1939年9月13日(†)
オットー・ヴァイス大尉	1939年9月13日〜1942年1月12日

■1942年-1943年
第1地上攻撃航空団

オットー・ヴァイス中佐	1942年1月13日〜1942年6月15日
フベルトゥス・ヒッチホルト中佐	1942年6月18日〜1943年6月10日
アルフレート・ドルシェル中佐	1943年6月11日〜1943年10月18日

第2地上攻撃航空団

男爵ロベルト=ゲオルク・フォン・マラパート大尉	1942年1月13日〜1942年5月21日(†)
パウル=フリードリヒ・ダルイェス大尉	1942年5月21日〜1943年10月1日

■1943年-1945年
第1地上攻撃航空団

グスタフ・プレスラー中佐	1943年10月18日〜1944年4月30日
ペーター・ガスマン少佐	1944年5月1日〜1945年5月8日

第2地上攻撃航空団

ハンス=カール・シュテップ中佐	1943年10月18日〜1944年7月31日
ハンス=ウールリヒ・ルーデル大佐	1944年8月1日〜1945年2月8日(負傷)
フリードリヒ・ランク少佐(代行)	1945年2月8日〜1945年2月13日(負傷)
クルト・クールマイ中佐(代行)	1945年2月13日〜1945年4月20日
ハンス=ウールリヒ・ルーデル大佐	1945年4月20日〜1945年5月8日

第3地上攻撃航空団

クルト・クールマイ中佐	1943年10月18日〜1944年12月15日まで
テオドール・ノルトマン少佐	1944年12月17日〜1945年1月19日(†)
ベルンハルト・ハメシュター少佐(代行)	1945年2月15日〜1945年4月22日(†)

第4地上攻撃航空団

ゲオルク・デルフェル少佐	1943年10月18日〜1944年5月26日(†)
エヴァルト・ヤンセン少佐	1944年6月1日〜1944年12月25日
アルフレート・ドルシェル大佐	1944年12月28日〜1945年1月1日(†)
ヴェルナー・デルンブラック少佐	1945年1月3日〜1945年5月8日

第5地上攻撃航空団第Ⅰ飛行隊

マルティン・メーブス少佐	1943年10月18日〜1944年6月2日(†)

第9地上攻撃航空団第Ⅰ(対戦車)飛行隊

アンドレアス・クフナー少佐	1943年1月〜1945年4月30日まで(†)

第9地上攻撃航空団第Ⅳ(対戦車)飛行隊

ブルーノ・マイアー大尉	1943年10月18日〜1944年10月まで
ハンス=ヘルマン・シュタインカンプ大尉	1944年10月〜1945年1月
ハンシュケ中佐	1945年1月〜1945年5月8日

第10地上攻撃航空団

ハインツ・シューマン少佐	1943年10月18日〜1943年11月18日
ゲオルク・ヤーコプ中佐	1944年1月30日〜1945年5月8日

第77地上攻撃航空団

ヘルムート・ブルック大佐	1943年10月18日〜1945年2月15日
マンフレート・メッシンガー中佐	1945年2月16日〜1945年5月8日

第1夜間地上攻撃飛行隊

ヴォルフ・ゼキール少佐	1943年10月18日〜1944年9月19日
ヘルベルト・ヒルベルガー大尉	1944年9月19日〜1945年5月8日

第2夜間地上攻撃飛行隊
ミューラー大尉　　　　　　　1943年10月18日〜1944年11月21日
ロベルト少佐　　　　　　　　1944年11月22日〜1945年3月12日（†）
ヴェーバー大尉（代行）　　　1945年3月〜1945年4月
デンカー少佐　　　　　　　　1945年4月〜1945年5月8日

第3夜間地上攻撃飛行隊
ボイシャウゼン中佐　　　　　？〜？
オエルツェ少佐　　　　　　　？〜？

第4夜間地上攻撃飛行隊
ガムリンガー少佐　　　　　　？〜1945年5月8日

第5夜間地上攻撃飛行隊
ベルナー少佐　　　　　　　　？〜1945年5月8日

第6夜間地上攻撃飛行隊
不詳

第7夜間地上攻撃飛行隊
テオ・ブライヒ少佐　　　　　？〜1945年5月8日

第8夜間地上攻撃飛行隊
トゥルンカ大尉　　　　　　　？〜1945年5月8日

第9夜間地上攻撃飛行隊
ルペルト・フロスト大尉　　　1943年11月30日〜1944年12月15日

第10夜間地上攻撃飛行隊
不詳

第11夜間地上攻撃飛行隊
不詳

第12夜間地上攻撃飛行隊
ラーデマハー大尉（代行）　　1944年6月〜1944年8月22日
ニコライェス・ブルマニス中佐　1944年8月22日〜1944年10月10日

第20夜間地上攻撃飛行隊
クルト・ダールマン少佐　　　1944年11月17日〜1945年5月8日

注：（†）は戦死

2. 褒章と達成戦果

主に破壊した敵機の公認機数に立脚した褒章体系であるドイツ戦闘機隊とは異なり、地上攻撃隊パイロットに対し褒章を授与する際は、地上攻撃隊に課せられた多くの任務から考慮すべき種々の基準があった。これらは総出撃回数、破壊した戦車（あるいは護送隊、列車）数、そして撃墜機数である。落とした橋梁の数、沈めた船舶数、あるいは敵の進撃を食い止めた回数なども個々の戦果に数えられる。

地上攻撃隊の300名近い騎士鉄十字章受勲者をすべてリストに採り上げるのは本書の限られた紙数では不可能なため、最初にあげた3部門において上位10名を掲載するに止める。

戦車撃破上位10傑

	所属航空団	戦車撃破数	敵機撃墜数	総出撃回数(注1)	褒章
ハンス＝ウールリヒ・ルーデル大佐	SG2	519	9	2530	KC/OL/S/D/G
アントーン・ヒブシュ上級曹長	SG2	120以上	8	1060	KC
アロイス・ヴォスニッツ　上級曹長	SG77/10	104	2	1217	KC
ヤーコプ・イェンスター少尉	SG2	100以上	−	960	KC
アントーン・コロル少尉	SG2	99	−	704	KC
ヴィルヘルム・ヨスヴィヒ中尉	SG2	88	2	820	KC
マックス・ディーボルト中尉	SG2/77	87	−	500	KC
ヴィルヘルム・ノラー少尉	SG2/10	86	2	1058	KC
ハンス・ルートヴィヒ上級曹長	SG2	85	−	750	KC
ハインツ・エドホーハー上級曹長	SG2	84	1	700以上	KC

敵機撃墜上位10傑	所属航空団	戦車撃破数	敵機撃墜数	総出撃回数(注1)	褒章
アウグスト・ランベルト中尉	SchlG1/2/77	?	116	350	KC
ヘルマン・ブーフナー少尉	SchlG1/2	46	58(注2)	631	KC
ハンス・シュトルンベルガー大尉	SchlG1/4/10	?	45	約600	KC
オットー・ドメラツキ少尉	SchlG1/2	?	約38	約600	KC
カール・ケネル少佐	SchlG1/152/2	?	34(注3)	957	KC
ゲオルク・デルフェル中佐	LG2/SchlG1/4	?	30	1004	KC/OL
フリッツ・ザイファルト中尉	SchlG1/2/152/151	?	30	500	KC
ノルベルト シュミット中尉	SchlG2/10	?	約30	約450	KC
ヴェルナー・デルンブラック少佐	LG2/SchlG1/2/4	?	29	1118	KC/OL
ギュンター・ブレックマン少佐	SchlG1/2	?	27	?	KC

出撃回数上位10傑(注4)	所属航空団	戦車撃破数	敵機撃墜数	総出撃回数(注1)	褒章
ヴェルナー・デルンブラック少佐	LG2/SchlG1/2/4	?	29	1118	KC/OL
ゲオルク・デルフェル中佐	LG2/SchlG1/4	?	30	1004	KC/OL
カール・ケネル少佐	SchlG1/152/2	?	34	957(注3)	KC
ハインツ・フランク少佐	LG2/SchlG1/2/151	?	8	900以上	KC/OL
ギュンター・ミュラー大尉	LG2/SchlG1/2	?	?	900	KC
ルートヴィヒ・ベロフ上級曹長	NSGr3	?	?	約800(注5)	KC
アルフレート・ドルシェル大佐	LG2/SchlG1/4	?	?	約800	KC/OL/S
ヘルベルト・フォン・ホファー少尉	LG2/SchlG1/2/77/10	?	9	700以上	KC
ヨーゼフ・メナパツェ大尉	LG2/SchlG1/2	?	2	700以上	KC
ブルーノ・シュルツ上級曹長	SchlG1/77/152	?	?	約700	KC

注：
(1)Ju87による急降下爆撃の回数も含む
(2)Me262による12機撃墜も含む
(3)駆逐機搭乗も含む
(4)Hs123、Bf109、Fw190を使用した出撃回数
(5)大半は夜間出撃

褒章の略号
KC：騎士鉄十字章
OL：柏葉騎士鉄十字章
S：剣付柏葉騎士鉄十字章
D：ダイアモンド・剣付柏葉騎士鉄十字章
G：ダイアモンド・剣付黄金柏葉騎士鉄十字章

3. 東部戦線の戦闘序列──1944年6月

■第1航空艦隊（司令部はラトヴィアのマルピルス）

第3航空師団（司令部はエストニアのペツェリ）	所在地	装備機、保有機数／可動機数	
第3地上攻撃航空団第Ⅱ飛行隊	ヤーコプシュタット	(機種転換中)	
第1夜間地上攻撃飛行隊本部、第3中隊	イドリザ	Go145、He46	28/20
第1夜間地上攻撃飛行隊第1、第2中隊	コヴノ	(機種転換中)	
第3夜間地上攻撃飛行隊本部、第1、第2中隊	ヴェクミ	Go145、Ar66	49/45
第12夜間地上攻撃飛行隊第1中隊	ヴェクミ	Ar66	18/4
第11夜間地上攻撃飛行隊本部、第1、第2中隊	ラークラ	He50、フォッカーCV	31/15
第12夜間地上攻撃飛行隊第2中隊	リバウ	(編成中)	
クールマイ部隊（司令部はフィンランドのインモラ）			
第3地上攻撃航空団本部、第Ⅱ飛行隊	インモラ	Ju87D	30/17
第5地上攻撃航空団第Ⅱ飛行隊	インモラ	Fw190F	12/7
		合計：168/108	

■第6航空艦隊（司令部はプリルキ）

第1航空師団（司令部はボブルイスク）

	所在地	装備機、保有機数／可動機数	
第1地上攻撃航空団本部、第Ⅲ飛行隊	パシュトヴィキ	Fw190F	43/24
第10地上攻撃航空団第Ⅰ飛行隊	ボブルイスク	Fw190F	30/20

第4航空師団（司令部はオルシャ）

第1地上攻撃航空団第Ⅰ飛行隊	トルチン	Ju87D	44/36
第1地上攻撃航空団第Ⅱ飛行隊	ヴィルナ	（機種転換中）	
第1地上攻撃航空団第10（対戦車）中隊	ボヤリ	Ju87G	20/4
第3地上攻撃航空団第10（対戦車）中隊	トロチン	Ju87G	
第10地上攻撃航空団本部	ドクドヴォ	（移動中）	
第10地上攻撃航空団第Ⅲ飛行隊	ドクドヴォ	Fw190F	39/30

第1戦域司令部（司令部はミンスク）

第1夜間地上攻撃飛行隊第1、第2中隊	コヴノ	（機種転換中）	
第2夜間地上攻撃飛行隊本部	リダ	Ju87	1/1
第2夜間地上攻撃飛行隊第1中隊	ボブルイスク	（練成中）	
第2夜間地上攻撃飛行隊第3中隊	モギレフ	（練成中）	
第2夜間地上攻撃飛行隊第4中隊	リダ	Ar66、Ju87	17/15
東部空軍中隊		Go145、Ar66	9/8
パイロット訓練師団			
第2実戦飛行隊本部、第2、第3中隊	ボリソフ	?	23/22
パイロット訓練師団第2実戦飛行隊第1中隊	ピンスク	?	10/6

合計：236/166

■第4航空艦隊（司令部はモルクツィン）

第Ⅰ航空軍団（司令部はルーマニアのフォクザニ）

第2地上攻撃航空団本部、第Ⅰ飛行隊	フジ	Ju87D/G	29/21
第2地上攻撃航空団第Ⅱ飛行隊	ジリシュテア	Fw190F	27/20
第2地上攻撃航空団第Ⅲ飛行隊	フジ	Ju87D/G	43/38
第2地上攻撃航空団第10（対戦車）中隊	フジ	Ju87G	16/10
第10地上攻撃航空団第Ⅱ飛行隊	クルム	Fw190F	29/18
第9地上攻撃航空団			
第10（対戦車）、第14（対戦車）中隊	トルタス	Hs129	30/30
第5夜間地上攻撃飛行隊本部	マンツァール	Go145、Ar66	?/?
第5夜間地上攻撃飛行隊第1中隊	ロマン	Go145、Ar66	21/15
第5夜間地上攻撃飛行隊第2、第3中隊	キツヒネフ	Go145、Ar66	40/26

第Ⅷ航空軍団（司令部はルビーン）

第77地上攻撃航空団本部、第Ⅰ飛行隊	ヤシオンカ	（機種転換中）	
第77地上攻撃航空団第Ⅱ飛行隊	レンベルク	Fw190F	33/24
第77地上攻撃航空団第Ⅲ飛行隊	クニオフ	Ju87D	42/35
第77地上攻撃航空団第10（対戦車）中隊	シュタルザヴァ	Ju87G	19/12
第9地上攻撃航空団第Ⅳ（対戦車）飛行隊本部	リジアティクゼ	Hs129	6/4
第9地上攻撃航空団第12（対戦車）、第13（対戦車）中隊	シュトリ、リジアティクゼ	Hs129	16/15
第4夜間地上攻撃飛行隊本部、第1中隊	ホルディニア	Go145	32／23

合計：383/291

総計：787/565

4. 組織表──1945年5月

■本土航空艦隊（北）

第14航空師団（司令部はフーズム）

	所在地	装備機
第1地上攻撃航空団本部	フレンスブルク	Fw190F
第1地上攻撃航空団第Ⅱ飛行隊	フレンスブルク	Fw190パンツァーブリッツ
第1地上攻撃航空団第Ⅲ飛行隊	フレンスブルク	Fw190F
第3地上攻撃航空団第Ⅱ飛行隊	エッゲベク	Fw190F
第3地上攻撃航空団第Ⅲ飛行隊	フレンスブルク	Fw190F
第1夜間地上攻撃飛行隊（北）	フーズム	Ju87D
第20夜間地上攻撃飛行隊	シュレスヴィヒ	Fw190F
第200爆撃航空団第Ⅲ飛行隊	エッゲベク	Fw190F
第9夜間地上攻撃分遣隊	エッゲベク	Bü181

第15航空師団（司令部はリッゲ）

第4夜間地上攻撃飛行隊第1中隊	ホーン	Ju87

デンマーク派遣空軍部隊

第151地上攻撃航空団第Ⅰ飛行隊	グローヴ	Fw190A/F
第151地上攻撃航空団第14中隊	グローヴ	Fw190A/F
第1夜間地上攻撃分遣隊	ファルスター	Bü181

■第6航空艦隊（南）

第4空軍司令部（司令部はオーストリアのシェルフリンク）

第18航空師団（司令部はオーストリアのヴェルス）

第10地上攻撃航空団本部	ブトヴァイス	Fw190A/F
第10地上攻撃航空団第Ⅰ飛行隊	ブトヴァイス	Fw190F
第10地上攻撃航空団第Ⅱ飛行隊	ブトヴァイス	Fw190F/D
第9地上攻撃航空団第Ⅳ（対戦車）飛行隊	ヴェルス	（Fw190パンツァーブリッツに転換中）
第9地上攻撃航空団第13（対戦車）中隊	ヴェルス	（Fw190パンツァーブリッツに転換中）
第9地上攻撃航空団第14（対戦車）中隊	ヴェルス	（解隊中）
第5夜間地上攻撃飛行隊本部、第2中隊	アレンシュタイク	Go145、Ar66
第5夜間地上攻撃飛行隊第1中隊	シュタイナキルヘン	Go145、Ar66
第5夜間地上攻撃飛行隊第3中隊	レッツ	Go145、Ar66
第10夜間地上攻撃飛行隊第2中隊	ヴェルス	Ju87D

第17航空師団（司令部はオーストリアのブルック）

第2地上攻撃航空団第Ⅰ飛行隊	グラーツ	Fw190
第7夜間地上攻撃飛行隊本部、第2、第3中隊	アグラム・ゴリカ	（解隊中）
第7夜間地上攻撃飛行隊第1中隊	グラーツ	（解隊中）

■第8空軍司令部（司令部はシュレージェンのゲルリッツ）

第3航空師団（司令部はチェコスロヴァキアのオルミッツ）

第4地上攻撃航空団本部、第Ⅰ飛行隊	コンシュテレッツ	Fw190F
第4地上攻撃航空団第Ⅱ飛行隊	ケーニヒグラーツ	Fw190A/F
第4地上攻撃航空団第Ⅲ飛行隊	コンシュテレッツ	Fw190パンツァーブリッツ
第10地上攻撃航空団第Ⅲ飛行隊	プレラウ	Fw190F
第77地上攻撃航空団本部、第Ⅲ飛行隊	パルドゥビッツ	Fw190A/F
第77地上攻撃航空団第10（対戦車）中隊	ゲルリッツ	Ju87G
第9地上攻撃航空団第10（対戦車）中隊	ドイッチュ・ブロト	Hs129
第4夜間地上攻撃飛行隊本部、第2中隊	オルミッツ南	Ju87D

ヴァイス部隊（司令部はシュレージェンのシュヴァイトニッツ）

第77地上攻撃航空団第Ⅱ飛行隊	シュヴァイトニッツ	Fw190
第4夜間地上攻撃飛行隊第3中隊	ルートヴィヒスドルフ	Ju87D

ルーデル部隊（司令部はチェコスロヴァキアのニーメス南）		
	所在地	装備機
第2地上攻撃航空団本部、第Ⅱ飛行隊	ニーメス南	Ju87G、Fw190A/F/D
第2地上攻撃航空団第Ⅲ飛行隊	ミロヴィッツ	（転換中）
第2地上攻撃航空団第10（対戦車）中隊	ニーメス南	Ju87G
第77地上攻撃航空団第Ⅰ飛行隊	ニーメス東	Fw190F

北アルプス航空師団（司令部はオーストリアのシェファウ）		
第1夜間地上攻撃飛行隊（南）	バート・アイブリンク	Ju87D
第2夜間地上攻撃飛行隊	バート・アイブリンク	Ju87D

カラー塗装図　解説
colour plates

1
Hs123A　1937年4月　スペイン　ビクトリア　VJ/88コンドル軍団

最終的には6機の勢力となる、「ルビオ」・ブリュッカー少尉率いる地上攻撃隊で、最初に派遣された3機のヘンシェルの1機。「24●2」は戦前にドイツ空軍が採用した上面3色の標準迷彩に、胴体の黒丸、白い主翼端、白い方向舵に重ねた黒い斜め十字、といったコンドル軍団の規定マーキングが追加されている。流線形をした翼間支柱の前方に一部が見えるのは同部隊の「悪魔顔」マークである。初期のHs123Aにはパイロットの頭当てフェアリングが装着されていないことに注目。

2
He51B　「2●78」　1938年1月　スペイン　カラモッカ
J/88コンドル軍団第3中隊長　アードルフ・ガランド上級曹長

He51が最初にスペインに到着したのも、(全面明るいグレイの)標準塗装とは異なる緑と茶の迷彩が多種類現地で試みられたうちのひとつ。「2●78」はアードルフ・ガランドがJ/88第3中隊を率いた際、常にとはいわないにしても大抵は好んで搭乗した機体である。コンドル軍団の多くの戦闘機パイロットと同様に、彼の場合は胴体に記入した黒丸に細い白縁と大きなマルタ十字を追加して飾りたて、その個性を主張した。未来の戦闘機隊総監はスペインで1機も撃墜しなかったが、彼と彼の部隊は第二次大戦中にドイツ空軍地上攻撃隊が運用した戦術の多くを編み出した。

3
Hs123A　「L2+JM」　1939年9月　ポーランド
ザレジエ　第2教導航空団第4（地上攻撃）中隊

1939年に退役が予定されていたため、第2教導航空団第Ⅱ（地上攻撃）飛行隊が9月に参戦した時、Hs123は新しいブラックグリーン／ダークグリーン迷彩には塗り直されず、まだ元の3色迷彩のままだった。しかし新しい4桁からなる胴体記号は適用された。やはり注目すべき点は、またも翼間支柱の前方に一部が見える中隊マーク——ピストルを構え、手斧を振るうミッキーマウスである。これは、オットー・ヴァイスから指揮を引き継いだアードルフ・ガランドが導入したと信じられている。ガランドはのちに第26戦闘航空団司令を務めた際も、同じミッキーマウスのマーキングを乗機Bf109に記入した。種々の色の円に重ねて記入された同じ記章はその後、第1地上攻撃航空団第Ⅱ飛行隊（後に第2地上攻撃航空団第Ⅱ飛行隊と改称）に部隊マークとして採用される（ときには前後逆向きにされ、ガランドのトレードマークといえる葉巻は省略された）。

4
Hs123A　「L2+AC」　1940年5月　フランス　カンブレー
第2教導航空団第Ⅱ（地上攻撃）飛行隊長　オットー・ヴァイス大尉

「まやかしの戦争」期間中の1939年から40年にかけての冬に、第2教導航空団第Ⅱ（地上攻撃）飛行隊のヘンシェルには通常の2色迷彩が導入された。しかし、同飛行隊の大部分の機体とは異なり、ヴァイスの「アントン・ツェーザル」は初期様式の国籍標識をまだ記入している（胴体の十字は縁どりの幅が狭く、カギ十字の中心は方向舵ヒンジ上にある）。この機体はさらに胴体上部の頭当てから垂翼直前までに白帯を記入し、他と区別している。なお側面図では見えないが、前を向いた戦闘機流の飛行隊長シェヴロンを上翼中央上面の翼弦いっぱいに記入している。

5
Bf109E-4（製造番号3726）「黄色のM」　1940年9月
フランス　サン・トメール　第2教導航空団第6（地上攻撃）中隊

フランス戦ののち、第2教導航空団第Ⅱ（地上攻撃）飛行隊には新しい迷彩塗装でなく、新型機Bf109Eが配備された。図は英国本土航空戦の最中の典型的な同飛行隊機である。戦域塗装であるスピナー、カウリング、方向舵が黄色く塗られ、中隊章も記入されている。しかしやはり注目すべき点は、現下に海峡方面で作戦中のBf109を装備した全戦闘飛行隊と同部隊を区別する、唯一無二の地上攻撃隊マーキング——(戦闘機流の機体番号の代わりに)個別アルファベットと黒い三角——である。黒い三角はミュンヘン危機当時に初登場し、のちに地上攻撃部隊の識別標識となる。「黄色のM」の戦歴は、1940年10月5日にエアハルト・バンクラッツ曹長がイースト・エセックス州ライエ近くの農場で不時着させ、終止符が打たれた。

6
Hs123A　「青のH」　1941年4月　ブルガリア
クライニキ　第2教導航空団第10（地上攻撃）中隊

1939年に退役に直面していたHs123は驚くほど長い現役生活を送り、英国本土航空戦から「脱落」後にバルカン戦で現役に復帰した。「青のH」はカウリング、主翼端、方向舵が黄色という南東戦域マーキングが塗られたばかりで輝いている。黒い三角だけでなく、ドイツ軍の歩兵突撃章の白いステンシルを中隊章の代わりに記入している。数力月間に東部戦線の泥とぬかるみにまみれた原始的な草地の飛行場での運用に対応し、ヘンシェルの流線形だがきわめて狭く隙間が小さい主車輪カバーが撤去されていることに注目。

7
Hs123A　「青のP」　1941年7月　ロシア戦線中央戦区
第2教導航空団第Ⅱ（地上攻撃）飛行隊

バルバロッサ開戦劈頭の頃は、第2教導航空団第Ⅱ（地上攻撃）飛行隊のヘンシェルは、当時はまだ現役で外観がよく似た多くのソ連軍複葉機と区別するため、不釣り合いなほど幅が広い黄色帯を胴体後部に記入していた。この帯は空中、ないしは地上からの友軍の誤射を防ぐ意図もあった（ドイツ軍戦線の背後に胴体着陸したHs123の写真が知られており、常にその目的を果たしていたわけではなかったことがうかがい知れる）。

8
Bf109E　「白のC」　1941年11月
モスクワ戦線中央戦区　第2教導航空団第Ⅱ（地上攻撃）飛行隊

28カ月におよぶ第2教導航空団第Ⅱ（地上攻撃）飛行隊の戦歴の最終段階にある、「白のC」の東部戦線における標準的迷彩とマーキングは、一時的な白い冬季迷彩が厚く不規則に塗られ隠されている。奇妙なことに、この機体は部隊マークも地上攻撃部隊の黒い三角も記入されていない。

9
Bf109E-7 「白のU」 1942年5月 南方戦区
ケルチ 第1教導航空団第5（地上攻撃）中隊
第1地上攻撃航空団が1941年から42年にかけての冬に編成された際、2個飛行隊にはそれぞれHs129を装備した4番目の中隊を追加することが意図された。「オルゲ」・デルフェルの第1地上攻撃航空団第5中隊はこうして新編の第II飛行隊最初の中隊となった。従って、馴染み深い部隊章の背後は白丸になった（そして個別記号も白で記入）。SC10対人爆弾4本の束で武装したこの機体は、その当時の標準迷彩と戦域マーキングが記入されている。黒い三角が胴体国籍標識の後方に記入されていることに注目。

10
Bf109E-7 「青のK」 1942年9月 南方戦区
トゥゾウ 第1地上攻撃航空団第8中隊
前線部隊にHs129の配備が大幅に遅れたため、第1地上攻撃航空団第8中隊は当初「通常の」Bf109中隊として活動した。その機種を装備し、同飛行隊のほかの中隊とともにスターリングラードに向け進撃するの第6軍の支援にあたった。しかし、その頃までにソ連空軍はドイツ空軍の飛行場に攻撃を集中させた。これは戦域塗装の変更を導き、機体が地上にあるときにより見えにくくするため、今や黄色はカウリング下面のみに限定された。この機体は通常の青丸の上に飛行隊章を記入し、SC250 250kg汎用爆弾を1発搭載している。

11
Hs129B 「白のシェヴロン/青のO」 1942年11月 リビア
エル・アラメイン 第2地上攻撃航空団第4（対戦車）中隊長
ブルーノ・マイアー大尉
Hs129装備の2番目の対戦車中隊として編成された第2地上攻撃航空団第4（対戦車）中隊は、製造工場で塗られた褐色の上に緑の斑点を散らした迷彩からわかるように、北アフリカ戦線に派遣される運命にあった。マイアーの「青のO」もまた地中海戦域標識として規定された白帯を胴体後部に、パイロットの地位を示す白い指揮官シェヴロンを個別記号の前にそれぞれ記入し、小さな金属製の中隊長ペナントをアンテナ支柱につけている。ブルーノ・マイアーはのちにHs129装備の第9上地攻撃航空団第IV（対戦車）飛行隊を指揮し、500回以上の地上攻撃と対戦車攻撃任務を遂行し、大戦を生き延びた。

12
Fw190F-2 「黒の二重シェヴロン」 1943年3月 南方戦区
ハリコフ 第1地上攻撃航空団第I飛行隊長
ゲオルク・デルフェル大尉
第1地上攻撃航空団ではFw190への機種転換が長引いていたが（1942年秋から1943年春まで）、その半ばに第I飛行隊長に任じられたデルフェルの新品のフォッケウルフは、やはり指揮官標識のシェヴロンを記入している。しかし、より目立つ胴体中央の位置に黒い三角を記入したため、シェヴロンは胴体国籍標識のうしろに記入された。Fw190は地上攻撃の三角標識を記入した4番目で最後の機種だが、その標識はもはやすたれつつあった（ソ連空軍パイロットはこれを記入した機体が、とりわけまだ爆弾を抱えている場合には、ドイツ空軍戦闘機よりも「組みし易いカモ」だということを学んだ）。この機体はサンド・フィルターを装着していることに注目。それは2月の雪には何の利点ももたらさないが、ロシアの夏の埃は計り知れない価値がある。

13
He46C 「1K+BH」 1943年4月頃 ロシア戦線南方戦区
第4航空艦隊司令部付第3嫌がらせ爆撃中隊
1931年に初飛行したHe46戦術偵察機は、東部戦線の初期の夜間地上攻撃中隊が装備した典型的な旧式機である。この図の「戦術番号8」は、胴体下面と翼間支柱の爆弾ラックに（安定フィンに風切り音発生器を装着した）SC50 50kg爆弾を搭載している。クルスク突出部を含む南方、中央の両戦区の危機に瀕した地区に夜間出撃したのち、1943年10月に第4航空艦隊司令部付第3嫌がらせ爆撃中隊は、第4夜間地上攻撃飛行隊と改称した。

14
Hs129B 「赤のF」 1943年1月 チュニス エル・アイナ
第2地上攻撃航空団第8（対戦車）中隊
フランツ・オズヴァルト中尉率いるHs129対戦車中隊が1942年末にチュニジアへ派遣されたとき、機体に塗られた迷彩は数週間前にリビアに行った第2地上攻撃航空団第4（対戦車）中隊機のものとは大幅に異なっていた。オズヴァルトのヘンシェルはもはや砂漠の主として褐色の塗装ではなく、基本的なダークグリーン迷彩のままだったが、新しい戦域に対する唯一の譲歩として上面に褐色の落書き風に蛇行した線を多数追加した。同様に注目すべきは、個別記号の色が以前に同中隊が使っていたライトブルーでなく、赤に記入されていること。

15
Hs129B-2/R3 「赤のJ」 1943年4月 南方戦区
クバン橋頭堡 第1地上攻撃航空団第8（対戦車）中隊長
ルードルフ＝ハインツ・ルファー中尉
1943年初めまでに第1地上攻撃航空団第8（対戦車）中隊のHs129はロシア戦線南方戦区でドン戦域司令部の指揮下に入り、実戦に参加した。中隊長に任じられたばかりのルードルフ＝ハインツ・ルファーは、すでに赤軍戦車6両を破壊していた（尾翼に記入された戦果の縦棒に注目）。同部隊の最も早い時期の成功は、カフカスから撤退しクバン橋頭堡を守備する後衛の前面から上陸を試みた第17軍側面からソ連軍舟艇に対するものであった。胴体十字のうしろに戦闘機流の第II飛行隊標識の横棒と、機関砲カバーの上方に小さく突撃章がステンシルで記入されていることに注目。

16
Fw190A-5 「白のG」 1943年4月 チュニス
エル・アイナ 第2地上攻撃航空団第II飛行隊
第2地上攻撃航空団第II飛行隊がチュニジアに短期間展開していた際、同飛行隊のFw190は標準迷彩に白い地中海戦域帯を胴体後部に記入していた。唯一の個性を見せるのは飛行隊マーク（これもまた斧をふるうミッキーマウス、この場合は爆弾にまたがっている）で、それは1943年10月に同部隊が第4地上攻撃航空団第I飛行隊と改称したあとも引き続き使われた。

17
Fw190F-2 「黒のシェヴロンと横棒」 1943年夏 南方戦区
ヴァルヴァロフカ 第1地上攻撃航空団司令
アルフレート・ドルシェル少佐
一方、東部戦線に戻ると、地上攻撃隊もまた匿名性の隠れ蓑を使い始め、所属部隊を隠すため部隊マークさえも記入しなくなった。ドルシェルの汚れなきフォッケウルフは戦前の戦闘機流の航空団司令標識を教科書通りに記入しており、恐るべきSD4対人爆弾30発を内蔵したAB250爆弾コンテナという証拠がなければ、ほとんど「普通の」戦闘機と同じ外見をしている。この時点ですでに剣付柏葉騎士鉄十字章を受勲し、750回余りの出撃を記録していたアルフレート・ドルシェルは1943年10月に幕僚職に昇進する。だが、1945年1月1日に西部戦線の連合軍飛行場を攻撃した元旦攻撃で、第4地上攻撃航空団を率いて出撃した際に何の手がかりも残さず行方不明となった。

18
Hs129B-2 「青のE」 1943年7月 クルスク突出部
ミコヤノフカ 第1地上攻撃航空団第4（対戦車）中隊
噂によれば「ツィタデレ」作戦（クルスクにおける大規模な戦車戦）時に撮影、といわれているこの写真を基にしたこの図は、ほかと見間違うものがないその外観形状をしたHs129もまた、マーキングが地味になった証拠を提供する。黒い三角の地上攻撃隊標識はずっと以前に消され、ソ連軍対空銃手にとっては理想的な照準点である、明るい黄色に塗られた機首のパネルもまた後を追ったが、おそらく賢明このうえない措置と思える。控え目な小さい突撃章のステンシルさえも消された。東部戦線の戦況が不利に転じようとするとき、進撃する敵に情報を与えるような不必要な飾りと部隊マークは、じきに過去の遺物となる。

19
Fw190F-2 「黒のT」 1943年夏 南方戦区 キロヴォグラード
第1地上攻撃航空団第8中隊 オットー・ドメラツキ上級曹長
オットー・ドメラツキの濃密に斑点を散らした「黒のT」は、クルスク戦の余波として地上攻撃隊に適用された（それとも強制的にか？）杓子定規な無名性の典型例である。この図は爆装していない状態を示した。それというのも、ドメラツキはあらゆる機会を捉えてソ連空軍機と格闘戦をするため、たまたまそのとき搭載していた兵装を投棄することで有名だった。それは、すでに20機をかなり超えた撃墜戦果をあげて騎士鉄十字章を受勲し、彼の飛行隊長から限りない「大目玉」を食らった彼の性格だった！

20
Fw190A-5 「黒のG」 1943年12月 南方戦区 キロヴォグラード
第2地上攻撃航空団第5中隊 アウグスト・ランベルト上級曹長
1943年10月18日の地上攻撃隊の大がかりな再編制で、第1地上攻撃航空団第Ⅰ飛行隊は第2地上攻撃航空団第Ⅱ飛行隊と改称され、第1地上攻撃航空団第8中隊が2個存在するという一時的な例外が解消した(Hs129を装備した中隊の方は常に第8(対戦車)中隊と律義に表記されてはいた)。新生第2地上攻撃航空団第Ⅱ飛行隊のFw190は——ここに初めて第2地上攻撃航空団「インメルマン」へと配備された——同航空団が有するJu87の護衛戦闘機としての任務が増えていったが、一部のJu87は大戦終結時まで使われた。その結果、第2地上攻撃航空団第Ⅱ飛行隊の多くの隊員が相当数の撃墜戦果をあげたが、アウグスト・ランベルトを凌ぐ者はいなかった。この図の「黒のG」は、1944年春にクリミアで彗星のようにエースの座につく前の彼の乗機である。

21
Fw58C 「D3+BH」 1943年12月 中央戦区
バラノヴィチル 第2夜間地上攻撃飛行隊
双発のFw58「ワイエ」は、航空艦隊でかなり多数の後方の連絡と軽輸送機として使われており、明らかに初期の夜間地上攻撃飛行隊に徴用される候補だった。図の機体は1943年から44年にかけての冬に第2夜間地上攻撃飛行隊で、同飛行隊のAr68(そしてのちにはJu87)が赤軍補給護送隊を攻撃する際に、中央戦区の主要な幹線道路に沿って照明弾を投下する「照明係」としてまだ使われたわずかな機体のうちの1機である。胴体下面の照明弾容器と機首に装備した機関銃に注目。

22
Hs129B-2 「白のM」 1944年2月 南方戦区
ブヤラ=ザルコフ 第9地上攻撃航空団第10(対戦車)中隊
上の図のFw58に塗られた冬季迷彩ほど奇妙だとはいわないが、かなり念入りに塗られたこれは、ルードルフ・ハインツ・ルッファー率いる第9地上攻撃航空団第10(対戦車)中隊に属する。同中隊はウクライナを横断する長く辛い撤退戦に深く関わっていた。第9地上攻撃航空団第Ⅳ飛行隊はほかのどれよりも、東部戦線で先頭を行く「火消し」部隊と主張できる資格があろう。それというのも傘下の5個中隊は南方、中央戦区の広い地域で通常は独自に作戦し、赤軍の圧力が高まり戦車部隊による突破口が頻繁に開かれたときに、彼らの戦車キラーHs129は常に増援を求められたからだ。

23
Go145A 「U9+HC」 1944年3月 ラトヴィア
ヴェクミ 第3夜間地上攻撃飛行隊第2中隊
バルト諸国を通過する敵の進撃を食い止めようとして、ドイツ空軍がかき集めた古い複葉機と軽飛行機の雑多な集団の典型である、第3夜間地上攻撃飛行隊の夜間機「ハインリヒ(H)・ツェーザル(C)」は機体の大半が黒く塗られ、国籍標識も地味になっている。同部隊の活動に関する詳細はわずかしか残っていないため、第1航空艦隊の公式戦時日報は毎夜の出来事について大半を特有の表現で簡潔に要約していた。この時期の典型的な前口上は次のようなものである。「夜間地上攻撃機は活動した。主にロジテン南東の地域が焦点だった」。

24
Fw190F-2 「黒の二重シェヴロン」 1944年4月 クリミア
カランクート 第2地上攻撃航空団第Ⅱ飛行隊長
ハインツ・フランク少佐
第2地上攻撃航空団の自前の護衛戦闘機隊が第Ⅱ飛行隊の非公式任務であったが、同飛行隊長「アラン」・フランクは保守的主義の地上攻撃隊員で、その戦歴はポーランド戦でHs123を飛ばしていた軍曹として始まった。地上攻撃隊員では3番目の柏葉騎士鉄十字章受勲者として、彼は今や900回出撃を重ね、その間に「わずか」8機を撃墜した。それ故、綺麗な外観の彼のF-2には250kg爆弾を搭載して見せるべきである——思うに、彼が最も楽にくつろいでいられるであろう形態である。

25
Hs123A 「黒の二重シェヴロン/黄色のL」 1944年4月
クリミア ヘルソネス南 第2地上攻撃航空団第Ⅱ飛行隊
信じ難いことだが、脆弱なHs123の最後の第一線機に違いないと思われる機体であったが、1944年4月下旬の第4航空艦隊の戦闘序列にふたたび現れた。文書によると、これらは第2地上攻撃航空団第Ⅱ飛行隊に配備され、クリミア半島戦の最終段階に同飛行隊のFw190のそばに駐留して

いた。図はそうした機体の1機と信じられており、最終的な東部戦線マーキングが記入されている。黄色い個別記号と第Ⅱ飛行隊の横棒は、このヘンシェルが第6中隊に属するかもしれないことを示唆し、指揮官標識のシェヴロンは同部隊の司令官(あるいは4編隊長か?)を示すのかもしれない。SC50 50kg爆弾の先端に着発棒[地表面近くで爆発させ、爆風による破壊効果を増すために付けた]が取り付けられていることに注目。

26
Fw190F-8 「白の11」 1944年6月 イタリア ピアチェンツァ
第4地上攻撃航空団第1中隊
暗褐色にダークグリーンの斑点を散らした、独特のイタリア戦線迷彩に身を包んだこのFw190F後期型は、どういった状況で作戦しているかの手がかりを与えてくれる。地上にいるときに、徘徊する連合軍戦闘機に見つからないよう、胴体後部の戦域標識の白帯は上半分が塗りつぶされている。その過程で胴体カギ十字は、尾翼のカギ十字は効果的に消された。同部隊ではほかにも機体のカギ十字を塗りつぶした証拠写真が残っている。これはおそらく、怒りっぽい新任の飛行隊長エヴァルト・ヤンセン少佐(1944年末に航空団の指揮を引き継ぐ)によってなされたある種の政治的な申し立てではなかろうか? 第2地上攻撃航空団第Ⅱ飛行隊から引き継いだ飛行隊マークに注目(図版16を参照)。

27
Fw190F-8 「茶の0」 1944年6月 フランス アヴォール
第4地上攻撃航空団第9中隊
(上の図の)第Ⅰ飛行隊とは異なり、第4地上攻撃航空団第Ⅲ飛行隊は飛行隊マークをもたないため、いくぶん濃い斑点が塗られひどく汚れたこのF-8には胴体十字の後方の縦棒、それに加えてノルマンディ上陸作戦時にフランスに駐留していた唯一の地上攻撃部隊という事実以外、ほかに識別する手がかりはなかった。しかしそこには長くいなかった。南でフランスのマキ団[愛国者レジスタンスのこと]相手に短期間戦ったのち、1944年7月にバルト諸国防衛を助けるため同飛行隊は東方に急遽派遣された。その過程で保有機数は52機からわずか24機に減った。

28
Ju87D 「E8+DH」 1944年7月 イタリア ラヴェンナ
第9夜間地上攻撃飛行隊第1中隊
当初はわずか2個中隊編制で、イタリア機(フィアットCR42複葉機とカプローニ軽双発機)を装備していた第9夜間地上攻撃飛行隊は、1944年春にJu87へ機種転換した。元のシュトゥーカのダークグリーン上に、鏡に映ったように連続した目立つ模様が部隊配備後に塗られた。当初は在イタリア空軍部隊司令部の傘下に入っていたが、イタリア戦の残り大半の期間は同飛行隊の三中隊は互いに独立して作戦し、大戦終結時にはわずかの機体だけが生き延びてオーストリア・アルプスに撤退した。図に示した翼下面の大きなコンテナはいわゆる汎用容器で、武器と補給物資の両方を運ぶのに使われた。

29
フィアットCR42 「黒の58」 1944年7月 クロアチア
アグラム(ザクレブ) 第7夜間地上攻撃飛行隊第3中隊
イタリア機を装備していたもうひとつの部隊が第7夜間地上攻撃飛行隊であり、アドリア海の反対側で在クロアチア空軍部隊司令部の指揮下で作戦した。夜間は地上攻撃、昼間は対パルチザン攻撃の両方に出撃した第3中隊のフィアットは、元のイタリア共和国空軍の迷彩を使い続けているように見え、ドイツ空軍の戦域塗装と(大きすぎるカギ十字を含む)国籍標識を追加した。機体番号が大きな数字である意味は知られていないが、この機体のイタリア共和国空軍のシリアル末尾2桁から採ったことを暗示している。

30
Fw190A-8/U1 「赤の115」 1944年夏 クロアチア
アグラム(ザクレブ) 第151地上攻撃航空団
バルカン半島でほかを遙かにしのぐ大規模な地上攻撃隊は高等練習航空団である第151地上攻撃航空団で、本部はアグラムに在ったが傘下の4個飛行隊(それと個々の中隊)はその地方に広く散らばっていた。第151地上攻撃航空団は実戦に参加しなかったため、この図に示したように、保有していた一握りのFw190複座練習改造型は地上攻撃隊の黒い三角を最後まで記入していた。

31
フォッカーCV-E 「3W＋OD／白の8」 1944年8月
エストニア ラークラ 第11夜間地上攻撃飛行隊

英国産エンジンを搭載しオランダで製造され、デンマーク空軍に配備後ドイツ空軍が徴用し、エストニア人義勇軍の第11夜間地上攻撃飛行隊に引き渡されたCV-Eは、夜間地上攻撃により運用された多数の多彩な機種のなかで、最も国際色豊かであるのは間違いない。知られる限り、この図の戦術番号「8」(元のデンマーク空軍識別番号は「R-23」)は一巡して元に戻った唯一の機体である。1944年10月13日に4名の亡命エストニア人を乗せ、バルト海を横断して中立国スウェーデンに飛来したのち、1947年に本来の所有者であるデンマークに返還された。亡命者を乗せた2機目のCV-E、「3W＋OL」(元は「R-42」)はのちにスウェーデンがスクラップ用に売却した。

32
Fw190F 「黒の横棒／白のE」 1944年9月 ポーランド
クラクフ 第77地上攻撃航空団本部付作戦将校機

かつては急降下爆撃隊だった部隊のFw190への機種転換がゆっくりと進行していたとき、まったく異なったマーキングが導入された。それは統一を試みた風には見えず、各航空団、あるいは飛行隊の自由裁量に任せたようだ。たとえば、第77地上攻撃航空団本部は1944年夏にポーランドのライヒスホフでJu87をフォッケウルフと交換したが、時代物の1936年型の戦闘機流シェヴロンと横棒を航空団本部の3機編隊の識別に記入した。こうして作戦将校(Ⅰa)機は図に見られるように横棒2本に個別記号を記入した。翼下面に搭載した爆弾に着発棒がついていることに注目。

33
Ju87G (製造番号494231) 「S7＋EN」 1944年9月 ラトヴィア
ヴォルマール 第3地上攻撃航空団第10（対戦車）中隊
ヨーゼフ・ブリメル曹長

カウリングに対戦車記章を適切に記入したこれは、1944年9月19日にヨーゼフ・ブリメルが60両目のソ連戦車を破壊した際に搭乗していた機体である。だが、午前に続く同じ日の出撃でJu87は対空機銃により損傷を受け、ブリメルはラトヴィアの首都リガ南方で敵戦線の背後に着陸を余儀なくされた。彼と無線手の2人とも赤軍兵士によって処刑された。ブリメル曹長は死後の1945年1月23日付で騎士鉄十字章受勲の栄誉を受けた。

34
Ju87D-5 「V8＋QB」 1944年10月 ドイツ ケルン＝ヴァーン
第1夜間地上攻撃飛行隊

1944年秋の間ずっと西部戦線にいた第1、第2夜間地上攻撃飛行隊の手になる、情報を掴ませない無名性塗装の典型であるこの図のJu87は、1944年10月29日にアーヘン近くの連合軍部隊集結地を夕撃し、対空砲火で撃墜された。消炎排気管やほかの夜間作戦向け改造が施されたにもかかわらず、国籍標識と個別記号を目立たなくする試みはなされていない(個別記号は主車輪カバーの前面にも記入されていた)。

35
Fw190F-8 「黒のシェヴロン／緑の2」 1945年4月
チェコスロヴァキア プレラウ(プレロフ)
第10地上攻撃航空団第Ⅲ飛行隊付補佐官

濃密な斑点が塗られたこのF-8のパイロットは、飛行隊長アルヌルフ・ブラジヒ少佐に次ぐナンバー2の地位を二重に主張している。彼の乗機には飛行隊付補佐官の正式標識である一重シェヴロンだけでなく、本部色の緑で2が記入されている。ヨーロッパにおける第二次大戦の最終日、1945年5月8日早朝にこの通常とはいくらか異なる組み合わせが、敵対する米第9航空軍の写真偵察型P-51マスタングの、歓迎とは言い難い注意を惹いた。そして、残念ながら氏名不詳だが「緑の2」のパイロットは胴体着陸せざるを得なかった……これは第二次大戦中に撃墜されたドイツ空軍機の最後の1機である。

36
Fw190F-8 「黒の9」 1945年4月 シュレージェン
ゲルリッツ 第2地上攻撃航空団第Ⅱ飛行隊

一部の機体は大戦終結直前の混乱した状況を示し、無塗装で工場から前線部隊に配備され、金属地肌に戦術マーキングが記入された。米第8、第9航空軍の戦闘機は遥か以前から重量削減と性能向上のために迷彩塗装を廃止していたが、強い圧力を加えられ、大幅な数的劣勢を強いられたドイツ空軍にはできない贅沢だった。図示した「黒の9」のような機体は、空中でも、地上でも確かに場がちがっていたに違いない。

37
Ju87D 「5B＋IK」 1945年4月 オーストリア ヴェルス
第10夜間地上攻撃飛行隊第2中隊

大戦終結に向かう頃、ハンガリーに駐留していた地上攻撃部隊は所属機に大面積の黄色を再度塗り始めていた。1944年秋から45年春先にかけて、彼らは細い黄色のシェヴロンを左翼上下面に識別目的で記入していた。だがそれは、大戦末期のこの時期に翼が付いて飛ぶ物体はすべて敵機と見なす、自軍の神経質な対空銃手に発砲を思い止まらせる効果は不十分、と証明されたようだ。第10夜間地上攻撃飛行隊に属する夜間作戦用のJu87すら機首に黄色い帯が記入された上に方向舵が黄色く塗られ、さらにスピナーへ戦闘機流の渦巻きを記入した機体が多かった。

38
Fw190D-9 「黒の6」 1945年春 オーストリア
カプフェンベルク 第10地上攻撃航空団第Ⅱ飛行隊

少なくとも第2、第77地上攻撃航空団の2つは「長い鼻」Fw190D-9を大戦末期に運用した。「黒の6」は後者の第Ⅱ飛行隊に属し、オーストリアの約6カ所の飛行場から東西に出撃し、ソ連軍と米軍を相手に戦った。最近ハンガリーで作戦したことを示す機首の黄色帯を、まだつけたままなことに注目 [図版37と同様に、方向舵も黄色に塗られていたと思われる]。

39
Bü181 「NK＋KV」 1945年4月 北ドイツ パーレベルク
第9夜間地上攻撃分遣隊司令 フベルトゥス・イェネス大尉

第二次大戦最良のレシプロ戦闘機のひとつといわれるFw190D-9と、性能面で対極にあったのがちっぽけなビュッカーBü181「ベシュトマン」だ。どちらも地上攻撃物語の最終章を、それぞれの流儀で演じた。「パンツァーファウスト」を装備したBü181の正確な部隊名に関しては混乱が見られる。1945年5月21日付のドイツ空軍装備本部Ⅰaリストには、それらは夜間地上攻撃分遣隊(Nachtschlachtkommando)と明確に記載されている。ところが、第9夜間地上攻撃分遣隊のことを生き残り隊員はBü181低空攻撃飛行隊第1中隊(1./Tiefangriffgruppe Bü181)だと断言する。そんざいステンシルされた(またも!)ミッキーマウスがパンツァーファウストに寄り掛かっている部隊章には、1/181と記入されているところから、後者が正しいようだ。偶然にもこのビュッカーは通例の4桁記号を記入してはいるが、胴体十字の前方の2文字は、ロケット発射の際に発生する炎から機体外板を保護するため、追加された鋼板で覆われている。

40
Ju87G-2 (製造番号494193) 「黒いシェヴロンと横棒」
1944年晩秋 ハンガリー 第2地上攻撃航空団司令
ハンス＝ウールリヒ・ルーデル中佐

ハンス＝ウールリヒ・ルーデルは1機のFw190D-9を使えるよう用意させてはいたが(本シリーズ第9巻『ロシア戦線のフォッケウルフFw190エース』の図版55を参照)、最後までJu87シュトゥーカを使い続けた。両機種とも戦前の複葉機時代と同様な司令官標識が記入されていたが、1945年5月8日の最後の出撃に選ばれた機体はやはりシュトゥーカだった。そのあとで、彼は航空団本部の7機編隊(Ju87 3機と、護衛のFw190が4機)を率いてキッツインゲンへ飛来し、米軍に投降した。伝えられるところによると、故意に乱暴な着陸をして主脚を折り突進した機体は、その飛行場に駐留していた第405戦闘群のP-47サンダーボルト数機に何とか損傷を与えた。ドイツ空軍地上攻撃隊の最期を印す、大きな犠牲を払って得た勝利だった。この図は1944年晩秋の頃使っていた機体だが、左翼の黄色いシェヴロンは1944年9月29日から翌年3月7日まで第4航空艦隊隷下の戦術用機に記入された識別マーキングである [スピナーはブラックグリーンに白渦巻きが正しい]。

◎著者紹介 │ ジョン・ウィール　John Weal

英国本土航空戦を少年時代に目撃し、ドイツ機に強い関心を抱く。英空軍の一員として1950年代末にドイツに勤務して以来、堪能なドイツ語を駆使し、旧ドイツ空軍将兵たちに直接取材を重ねてきた。後に英国の航空誌『Air Enthusiast』のスタッフ画家として数多くのイラストを発表。本シリーズではドイツ空軍に関する多数の著作があり、カラーイラストも手がける。夫人はドイツ人。

◎訳者紹介 │ 阿部孝一郎（あべこういちろう）

1948年新潟県三条市生まれ。東京理科大学工学部機械工学科卒業。電気会社に約23年間勤めたのち、退職。現在は航空機技術史研究家。『スケール アヴィエーション』（大日本絵画刊）誌上で、メッサーシュミットBf109のF型、最後期型であるK-4/G-10と、フォッケウルフFw190D型についての研究を発表。共著に『モデラーズ・アイ メッサーシュミットBf109G-6』、訳書に『メッサーシュミットのエース 北アフリカと地中海の戦い』『ロシア戦線のフォッケウルフFw190エース』『西部戦線のフォッケウルフFw190エース』『西部戦線のメッサーシュミットBf109F/G/Kエース』『東部戦線のメッサーシュミットBf109エース』ほか（いずれも大日本絵画刊）がある。

オスプレイ軍用機シリーズ 43

ドイツ空軍
地上攻撃飛行隊

発行日	2004年3月10日　初版第1刷
著者	ジョン・ウィール
訳者	阿部孝一郎
発行者	小川光二
発行所	株式会社大日本絵画 〒101-0054 東京都千代田区神田錦町1丁目7番地 電話：03-3294-7861 http://www.kaiga.co.jp
編集	株式会社アートボックス
装幀・デザイン	関口八重子
印刷/製本	大日本印刷株式会社

©2003 Osprey Publishing Limited
Printed in Japan
ISBN4-499-22838-7 C0076

Luftwaffe Schlachtgruppen
John Weal

First published in Great Britain in 2003, by Osprey Publishing Ltd, Elms Court, Chapel Way, Botley, Oxford, OX2 9LP. All rights reserved.
Japanese language translation ©2004 Dainippon Kaiga Co., Ltd.

ACKNOWLEDGEMENTS
The author would like to thank the following individuals for their generous help in providing information and photographs.
In England - Thomas Bryant, Chris Goss, the late Dr Harry Law-Robertson, Michael Payne, Dr Alfred Price, Denis Roberts and Robert Simpson.
In Austria and Germany - *Herren Oberst (i.R.)* Hermann Buchner, Manfred Griehl, Rolf Hase, Walter Matthiesen, Holger Nauroth and Hans Weidemann.
In Scandinavia - Paul E Branke and Kari Stenman